BOSS in BOOTS

FROM BARTON TO BROADWAY

キンキーブーツの真実

スティーヴ・ペイトマン 著
田嶋リサ 訳

小鳥遊書房

本書のご購入、ありがとうございます！

僕らがこの本の執筆を満喫したように、あなたがこの本と楽しい時を過ごされますように。

みなさまの絶え間ないサポートのおかげで、キンキーブーツは今でも力強く走りつづけています！


スティーヴ・ペイトマン（ザ・キンキーブーツマン）

原書謝辞

ご協力、ご支援、ご指導、ご鞭撻いただいた以下の方々に、心からの感謝を。

ウィルソン・ブラウン法律事務所：企業や個人を支援する専門家として全国的に定評があり受賞歴をもつ法律事務所。アンドリュー・カー、ガイ・ザリンス、ケビン・ロジャースおよびチーム全員の、本書出版とその他事柄に関連する法的アドバイス、助言にお礼申し上げます。親しみやすく堅実な支援と援助の姿勢に感謝が尽きません。

また、マーケティングのアイデアや資料、写真ではウェイン・ジェンキンスおよびマーケティングチームに後援と支援いただき、ありがとうございました。

www.wilsonbrowne.co.uk

ギャビン・ウォレス、本書のために提供してくれた素晴らしい宣材写真と画像、加えてデザインに関する助言と貢献に深謝いたします。プレッシャーと厳しいスケジュール下での作業ながら、驚くような仕事をしてくれました。ギャビンは多くの大物ＤＪ、著名人、一流雑誌と仕事をし、数多くの賞を受賞しています。また、ＢＢＣ、ソニーミュージック（米国および英国）、コロンビアといった多くのクライアントや、多数の地元企業に、企業写真を提供しています。

www.gavinwallacephotography.co.uk

これらの方々が、快く熱心に提供してくださった、時間、専門知識、支援に心から感謝いたします。

目次

◉凡例
・原著の巻末に掲載されている図版は著作権・肖像権の関係で掲載しなかった。
・適宜訳註番号を＊で付し、巻末に訳註をまとめた。
・日本語の可読性を鑑み、段落の切り替え位置を調整したところもある。

ようこそ

僕の名前はスティーヴ・ペイトマン。イングランド中心部にあるノーサンプトンという町で消防士をしている。ずっとこの仕事をしていたわけじゃない。かつては靴工場を経営していて、ノーサンプトンシャー州が常に最も得意とするブーツと靴を作っていた。

その時に全国紙の新聞記事に取り上げられて、それを見た放送局ＢＢＣが僕の工場を題材にテレビ番組を制作した。それからというもの、僕の人生は想像を絶する、信じられないような予想外の展開を見せている！ついてきて、エロス、笑い、困惑、僕の人生を永遠に変えることになる、素晴らしいお客さまと個性的な人たちの秘められた世界を発見する旅に。

気づいていないかもしれないけれど、あなたはその話を、すでに知っているかもしれない。名前を変え、事実をちょっと熱く激しくした一連の出来事——ＢＢＣ２による二作のテレビドキュメンタリー、大ヒット映画、そしてトニー賞を受賞したミュージカルで、世界中の何百万もの人に知られることになった物語だから。

序文

ついに、ここに、僕の本が完成！　テレビ番組、映画、ミュージカルの後、唯一欠けていたのが、この本だった。アールズ・バートンの裏通りにある何の変哲もない靴工場から始まり、楽しさと笑い、涙と悲しみを経て、きらびやかで魅力的でショービズの、驚くべき斬新な世界へと続く僕の旅路についてきて。

一連の出来事が（運命と言う人もいるかも）、僕を別の生き方に誘い、人生観を永遠に変える経験をさせた。もし僕みたいに、あなたが社会のある部分にあまり馴染みがなかったら、僕の不器用で、気まずくて、恥ずかしい瞬間を見守り、僕と一緒に、または僕を、笑ってくれ。この物語とその根元にある「舞台裏」秘話を楽しんでほしい。

今や生涯「キンキーブーツマン」と呼ばれ、脚の毛を剃り六インチヒールで歩くことを習得したボスとして知られる、これは僕の悪名、あえて言わせてもらうなら「名声」の物語。この物語を創り上げてくれた、もはや友人でもある最も素晴らしい人たち、個性的な面々、お客さまに感謝している。その優しさ、受け入れる心、ユーモアのセンス、おおらかさは、僕らにとって、かけがえのない教訓だ。彼らがいなければ、僕の物語は無意味で空虚なものだったと思う。この新しい世界とあと二〇年早く出会っていたらよかったのにな、それが唯一の後悔だったりする。

他にも多くの方々に深謝を。W・J・ブルックスの従業員、家族、友人、消防署の新しい同僚、そして誰より、辛抱強い妻、サラ。あらゆる試練と苦難、僕のクレイジーなアイデアそしてプロジェクトを成功させるための献身、その最初から最後まで、応援してくれた。長時間の労働、週末は失われ、旅にテレビ出演もあったけれど支えてくれた。彼女との時間が犠牲になり、息子のダンの幼少期に家で過ごす時間が奪われたことは、言うまでもない。サラとダンへ。理解してくれてありがとう。とりわけブーツを履いてテレビに出て、何度も恥ずかしい思いをさせてしまったこと、どうか許してほしい。終わりに、著述家、書き役で友人のデイヴィッド・セイントへ。僕のとりとめのない話や逸話を素晴らしい本にするという挑戦を引き受けてくれて、本当にありがとう。とても楽しかった。

キンキーブーツ工場とキンキーブーツの物語に携わったすべての方々へ。果たした役割の大きさに関係なく、その支援はかけがえのないものだった。心から感謝している。

スティーヴ・ペイトマン　キンキーブーツマン

はしがき

序文でスティーヴは、英国ノーサンプトンシャー州アールズ・バートンにある靴工場の事務所から華やかなショービズの世界へと至る旅を熱く語っている。彼と本書を書き下ろすにあたり、私はある意味その旅路を共有した。スティーヴの記憶を通して生きることは、刺激的な経験だった。それは伝えておきたい。

多くの読者にとって本書を手に取るきっかけは、スティーヴの人生の素晴らしい舞台ミュージカル版、世界中の観客の心を奪ったシンディ・ローパーとハーヴェイ・ファイアスタインによる珠玉作品『キンキーブーツ』を観劇し楽しんだことだろう。他の読者は、キウェテル・イジョフォー、ジョエル・エドガートン、ニック・フロスト、リンダ・バセット、サラ＝ジェーン・ポッツ、ジェミマ・ルーパーが出演したジュリアン・ジャロルド監督による見事な二〇〇五年の映画『キンキーブーツ』経由かもしれない。なかには、一九九九年二月、スティーヴの旅の真の始まりとなった番組、BBC2のテレビドキュメンタリー『トラブル・アット・ザ・トップ』を覚えている人もいるかもしれない。

本書へ、ようこそ。スティーヴとの旅を楽しんでほしい。しかし本書の理解を助け明確にするため、お伝えしておきたい重要なことがいくつかある。お気づきのように英語は常に変化していて、それは我々が日々使用する用語の多くも変化していることを意味する。本書は世界中の大多数の人々に、ほとんど知られていない世界を取り上げている。「ディヴァイン」靴製品は当初、ある特定の市場向けで、そこでは「女装者（transvestites）」という語が使われていた。この用語は専門家のアドバイスを受け現在ではほぼ使用されず、「異性装者（cross-dressers）」という用語が支持されるようになったと理解している。

当然、ブーツと靴は他の市場の人々、性転換手術を検討している、または受けた人々も惹きつけた。以前は「性別変更者（tranny）」という用語が使用されていたが、今は当然のことだが差別的であるとみなされ、シンプルですべてを包括する用語「トランスジェンダー（trans）」に異性装者も含め置き換えられている。他にも、ゲイ・コミュニティが深く関係している別のグループに、ドラァグ・アーティスト[*1]という主に娯楽目的で異性装をする男性たちが存在する。

本書でスティーヴと私は、これら三つのグループを混同しないよう入念に取り組んだことを明記しておきたい。誰かを侮辱したり非難したりする意図はまったくない。実際スティーヴと、彼ほどではないものの私は、こうした素晴らしい多くの人々を知り、友人となり、理解するようになった。彼らがいなければ、この本は書かれなかっただろう。

デイヴィッド・セイント　二〇一八年

この本を、長きにわたり、僕に堪え忍んでくれたすべての人に捧げる。

サラ&ダン・ペイトマン
マーガレット&リチャード・ペイトマン
友人、家族、W・J・ブルックス社と消防署の同僚
そして最後に
本書の実現にあたって、デイヴィッド・セイントに心から感謝したい。

1 青天の霹靂

「スティーヴ、新しいお客さまになりそうな方から電話です。彼女は……」オフィスで働く女性のひとり、ロージーが言った。

「素晴らしい！　ファンタスティック！　回して」と僕。

「でも、このお客さまについて、知っておいた方がよいことが。彼女は……」

「ロージー、それを言う必要はない。お客さまだ。電話を回してくれ」

状況は火の車で、本当に大変だった。その時は獲得しうるすべての新しい客を求めていた。

ロージーが電話を繋いだ。僕は、社名を述べてから電話を上司に代わる、いわゆる普通の、おそらく秘書のような人を想定していたと思う――それがよくあることだから。でも驚くことに電話の主は、低くて太い教養の感じられる話し方で、フォークストンにある「レイシーズ＝ファンタジー・ガール」のスー・シェパードと名乗った。

「女性用の靴を作っていたり、作ることができたりしますか？」

「申し訳ありません」僕は少し落胆して返答した。「残念ながら弊社は、男性用と男女兼用靴のメーカーです」

「問題ありません。私は男性用の靴を探しているので」

ちょっと待て。この時点で僕は、あれこれ考えていた。この話はどこへ向かっている？　僕らが製造するのは男性用？それとも女性用？　彼女は何を欲しがっているんだ？　好奇心をかきたてられた。

「探している靴のことを、詳しく教えてください」

　すると彼女は「男性サイズのパンプス、くるぶし丈のアンクルブーツ、膝丈のニーブーツ、太もも丈のサイブーツを仕入れることに関心があります」と言った。

　その頃には頭の中が大忙しだ！　なぜ？　何のため？　そして、それを履いて何をする⁇　彼女の言葉を理解しようと努めた。誰かが男性用ハイヒールについて話しているのを聞くなんて、この村の裏通りでは斬新なことだったから！

「つまり、男性サイズのレディースシューズが欲しいということですか？」

「そうです。おそらく、ちょっと説明した方がよさそうね。私たちは、チェインジング・センターと自分たちが呼んでいる異性装の店を、サウスコーストでやっています」

「ということは？」なにしろ僕は単なる無邪気なブーツ職人だったから！

「お客さまは、合うサイズで作られた質の高いブーツや靴を、手に入れられないのです」

　少し意地悪な詮索を経て、異性装者たちが衣装一式を揃えに行く店を、スーが経営していることがわかった。顧客はカツラを決め、化粧品を買い、パーティードレスからボールガウン[*1]まで幅広い選択肢の中から服を選べた。そのコーディネートを素敵な靴やブーツで完成させようとしたけれど、どうやら問題が。履物だ。

　そこは非常に小さな業界なのかと尋ねると「とんでもない、ダーリン、きっと驚くわ。お察しのとおり、かなり秘密の世界で、私たちは口が堅くなくてはならないけれど、何百人もの男性たちが異性装のスリルを愛しています。カツラやワンピースは仕入れられているけれど、ワクワクするようなセクシーなブーツとシューズを作れる職人を確保できないかしら？　需要は供給をかなり上回っていて、だからあなたに問い合わせているのよ」

　だんだん面白くなってきた。スーが続ける。「一番の問題は接続金具よ、ダーリン。本当にひどい――男性は言うまでもなく女性より重いので、特に体重が靴にかかるでしょ」彼女は深いため息をついた。「たくさんのお客さまが、ヒールが折れたと言いながら店に戻ってくるわ。まぁともかく、あなたは、体重九五キロの大工が女性用の靴にどうにかして足を入れようと奮闘しているところを見るべきだわ、本当に悩みの種だから」

その時、僕の頭の中では、ガラスの靴に足を入れるため、つま先を切り落としているシンデレラの醜い姉たちの幻想が、ぐるぐる回っていた！

「あと、切実な問題は」さらに熱っぽく語りはじめた。「私たちが売っているブーツと靴はすべて単なる大きなサイズで作られたレディーススタイルで、それではダメなのよ。接続金具に関していえば、男性の足は女性の足とは違う。男性のために特別に作られたブーツがいるのよ」

あまりにも素晴らしい挑戦で、聞き流すわけにはいかなかった。真剣に検討しなければ。こうした靴に市場の隙間は本当にあるのか？

「スー、もし我々が履き心地をよくして、ヒールがこわれる問題を解決したとして」僕は尋ねた。「ほかに何が気になりますか？」

彼女は納期を非常に心配していて、できるだけ早く欲しがった。でも無理なら大丈夫とのこと！

「当然、こうした靴やブーツを製造している方が、すでに存在していますよね？」僕は正直、気になった。

「ほとんどの場合、納品に六ヵ月から八ヵ月待たなければならないわ」

「あのですねぇ」僕は言った「我々は一週間に四〇〇〇足の靴を作っているので、納品に問題はありません」

ますます興味が湧いてきた。僕らなら六週間から八週間後におそらくお届けできます、と軽率にも言ってしまった。

彼女は大喜びした。

スーが納期の次に重視したのは質だった。それが問題になることはない、と断言した。我々は英国安全規格五七五〇カイトマーク認証を受け承認されたCEカンパニーだ。彼女は、それが何かと尋ねた。だから、カイトマークはCEマークの先駆けで、品質を保証するものと説明した。我々がいくつかの主要なカタログ会社と取引していて、厳しい内部品質管理をしていると伝えた。彼女が思わず漏らした小さな声から、満足していることが電話越しに伝わってきた！

最後は価格だった。今やすべての新しい客が、最も良い製品を最安値で手に入れるため、何がなんでも値引きしたがることを充分に承知していた。なので、スーの言葉は衝撃だった。「もしすべてのことをきちんとやっていただければ、値段は重要な問題ではないわ。約束した期日に最高品質のものを納品してくれるなら、価格はお任せします」

「えぇ！　素晴らしい！」高揚しすぎているように聞こえなかったことを願うけれど、僕はものすごく興奮していた。

差し当たり僕が明かしていない唯一のことは、客に飢えている現状だけだった。理由は後で詳しく述べるけれど、靴業界は試練の時を迎えていた。実際、会社は瀬戸際だった。暗い未来に直面し、おそらく人員削減は避けられず、さらに最悪の場合には、すべての作業を止めて工場を閉めなければならない。

しかし、一風変わったこの新しいチャプターは、僕の人生において頼みの綱になりそうだった。一か八か、イエスと言うしか、やるしかない！　何を失うというのだ？　試す価値があるのでは？　僕らは困難と問題に直面する運命にあったけれど、乗り越えられなかったものは確かに何もなかった。でも、従業員は協力するだろうか？

椅子に座り体を上下に動かしながら考えていた。これは名案、これが工場を救う助けになるかもしれない。でも靴業界にいる我々は、うまい話はそうそうないとわかっている。だから、現実は一瞬で始まった。

あらゆる面で真面目な経営者だと思わせようとしながら、僕はスーに言った。「そうですね、ちょっと調査して、何人かの人と話して、予想されることを分析する必要があると考えています」それは巨額の投資を含むため、価値を確認しなければならなかった。「他に話せる人はいますか？」僕は続けた。「どれくらいの人たちが興味をもってくださるのか、正確に把握したいので」

「もちろんダーリン、たくさんの連絡先を差し上げます。彼らには私が伝えたと言ってください。ご想像のように、とても閉ざされたニッチなビジネスだから、みんなお互いのことを知っていて、商売では協力しようとしているの、「セックス産業」と呼ばれる一部としてね」オーマイガッ！　彼女は言った！　僕は冷や汗が出てきた。この三文字に受けた衝撃。

SEX、SEX、SEX。

電話越しに手を叩き周りを見渡しながら、この三文字を誰も聞いていないことを確認した！　何だかんだ言っても結局のところ、ここはアールズ・バートンで、僕は何も知らない業界を利用しようと、あれこれ探っていた。僕は靴職人だ。こんな自分が「**セックス産業**」に入ってゆけるのか⁉⁉　なんでこんなことを始めようとしているのだろう……???

僕はスーに、また後で連絡すると伝えた。彼女は再び満足そうに、早急なお返事をよろしく、と言うと「答えがイエスなら、本当に素晴らしいでしょうね。その選択をあなたが後悔しないって言い切れるわ」と続けた。

濃い紅茶を飲んで、考える時間だ。僕はスーが教えてくれた一〇名一人ひとりに、一時間かけて電話をした。「スーからの紹介で！」と告げ、用件を説明した。

「もし、品質、配達、取り付け金具そして価格の面でご納得いただけるように作ったら、我が社からの仕入れをご検討いただけますか？」

返答は異口同音に「もちろん、靴がコーディネートを完成させます。私たちは自分たちのために、靴を作ってくれる人を切に必要としています」というものだった。

アイデアは生まれた。その可能性に興奮して頭がクラクラしていた。精力的に取り組もうとしているこの秘密の世界について、もっと調査しなければ。

僕はロージーとクラリスに、ちょっと重要な用事ができたので、僕宛の電話は取り次がず、伝言を預かるよう頼んだ。ただちにオフィスを出ると、車に飛び乗り家へ帰ろうとした。その時に思った。「なぜ時間を無駄にする？」最初に寄ったのは地元の店だ。毎朝、新聞を買いに行く馴染みの店。もう何年も通っている常連客だから、そこにいる人はみんな僕のことをよく知っていた。

この出来事は、心ここにあらず、となるほど目の前の作業に集中している時に起きた。僕は何も考えずに真っ直ぐ進み、雑誌棚の一番上の段に手を伸ばして、そこにあったすべての高級ヌード雑誌を手に取った。僕には任務があった！次から次へと取っては腕の中に積み重ね、かなり大量なソフトポルノ選集のお会計をするため、カウンターに直行した！

その時、ふと我に返った！　僕は止まった。停止だ。財布を取り出し、カウンターの向こうにいる、毎日、僕に新聞とチョコレートトレーズンを半ポンド渡してくれる可愛い女性の顔を見た。彼女は僕を直視すると、目の前にある雑誌の山を上から下まで見て、にこやかな目で「大変な夜になりそうね、スティーヴ⁉」と言った。

穴があったら入りたいとは、こんな瞬間のことか。僕は喉の奥で言葉がつかえるような声で、「考えている特別なプロジェクトなんだ」と、うっかり口走った。彼女の顔がニヤついた。「今まで、それを、いろいろな呼び方で聞いてきたけれど、「特別なプロジェクト」はなかったわ」彼女は大笑いしながら赤くなった僕の頬を見た。僕は急いで支払いを済ませると、店を飛び出した。

新しい生き方との恥ずかしい初めての遭遇から赤面は収まらず、家に駆け込み、テーブルの上に雑誌をどさっと置き、カバーを開封して見はじめた。

僕が見たかった部分は、太ももから下だ。ところが残念ながら雑誌は、太ももから上にしか興味がなかった!!! それでも、これは価値ある試みだった。モデルたちが脚に何を履いているのか知りたかった。

突然ひらめいた。なぜ男性用の履物に限定する？　雑誌に載っているのは、ほとんどが女性だ。もし彼女たちが、妻が普通の靴を買う頻度でキンキーな履物を買ったとしたら――**おぉ**、可能性は無限大かもしれない。

そして、探求するべきもうひとつの道のことを考えてみた。その頃、週末の新聞には、返信用封筒を送ることでセクシーな下着やフェティッシュ[*2]なグッズのカタログがもらえる通販の広告が複数載っていた。もちろん、そうしたところは、ありふれた男性用ブリーフを販売するようなビジネスをしているわけではない。広告に掲載されたカタログの縮小版にはメンズ商品として、明るい色で肌にぴったりと張り付くサテンのブリーフや、あらゆる適切な場所にチャックのついた黒革のブリーフが目玉商品として並べられていた。

当然のことながら、自分の勉強の一環として、何通か封筒を送りカタログを請求しなければ。僕は週末に売られる新聞をすべて買い集め、指定の封筒を送り、期待しながら到着を楽しみに待った。ありがたいことに、カタログは無地の茶封筒で届いた!!!!

数日後、いつもの郵便配達員が――偶然にも僕の学生時代の友人なのだが――茶封筒の束を持ってきた。ちょうど急いで家を出るところだった。

「スティーヴ、君宛の郵便物だよ」

「ありがとうピート、今ちょっと急いでいるんだ。今夜見るから、ポストに押し込んでおいてよ」

彼はバカじゃない。封筒に何が入っているのか確実に知っていた。ピートが郵便物を差し出し、僕がそれを掴む、綱引き状態だ。なぜ手を離さない、いぶかしげに彼を見ると、ピートはうなずき一番上にある封筒を見て見ぬふりをしながら言った「消印から人のことを知るなんて、驚きだねぇ、特に俺は先日、この手のカタログをもらったから」ピートは大声で笑うと、独り含み笑いをしながら、背を向け歩き去った。「今夜、パブにいる連中に話すいいネタが手に入ったぞ」そんな空気を漂わせていた。

この数日で二度目の、あの恥ずかしくて耐えられない感覚に再び襲われた。僕は肝に銘じた。「もし、これが常に起こるなら、恥ずかしさを克服しなければならない――所詮、単なる仕事！」

届いたカタログは新事業に関する勉強の一端でしかなかった。でも成功するなら、知らなきゃいけないことがまだまだたくさんある――もっと吸収して、もっと観察して、もっと理解しなくちゃ。この世界は今なお僕にとって、完全に異国、地球圏外だった。

雑誌やカタログは情報を与えてくれたけれど、依然として大満足させてはくれない。僕はより多くの情報とさらなる調査を必要とした。新たな投資のひとつは、最新のコンピューターだ。その頃は、まだ黎明期でパソコンを持つ家は多くなかった。

明らかに、インターネットで検索しはじめるべき時がきた。

自動ダイアルアップモデムを起動して、コンピューターが動き出すのを待った。やんちゃな男子生徒みたいに、ちょっと気恥ずかしさを感じながら、部屋の中を見渡して誰も見ていないことを確認すると、「フェティッシュ　履物」と打ち込んだ。

最新テクノロジーが作動を開始。なんてことだ！　何千件ものヒット、写真やウェブサイトが画面上に溢れ、いずれも、僕のミステリアスな新しいお客さまが欲しがっているような奇想天外な服や履物を載せていた。この新しい情報を入手した僕の、次の動きは明確だった。

オンラインで売られている製品は、スーが求めている品質なのだろうか？　明らかにそうではない。もしそうなら、彼女が僕に連絡してくることはなかったはずだ。まるで運命みたいだ。ニッチな市場を見つけ出したのか？　これが我がW・J・ブルックス社が向かう新たな方向か？

最新プロジェクトを妻のサラと共有することは、僕にとって重要だった。理解してくれるだろうか？　もちろん、彼女なら！　妻はしばらくの間、アン・サマーズという快楽の極み、広告にある言葉を借りれば「四〇年以上にわたって、ホットで満足のいく性生活を送るために必要なすべてのものを、英国の人々に提供しつづけている」会社のスタッフだった。彼女が有益な情報源となることは明白だ。

サラは冷静で、非常に賢く、世の中をうまく渡る知恵とユーモアのセンスをもっている……いつもだったら!!

「あなた、何？」彼女の大爆笑する声は、通りを三本隔てていても聞こえただろう。「W・J・ブルックス社は、ブローグシューズと伝統的な靴の老舗よ？　異性装者たちと、おそらくみんな「売春をしている」いかがわしいお嬢さまたち向けにブーツを作る？　こんな話を聞くなんて思ってもみなかったわ」

「僕は真剣だよ。電話をくれた女性は、その需要と現状として、ほとんど誰もそうしたブーツを作っていないってことを教えてくれた。供給不足の市場みたいなんだよ。だから考えるまでもないはず。とにかく、調査をすることで少なくとも僕が失うものは何もない」

「そして、その調査の意味することが、これらの年間購読ってわけね！」彼女が雑誌を何冊か手に取った。「役に立った？」「そうでもない。でも見る価値はあったよ!!!」

「でしょうね」彼女は雑誌をテーブルの上に放り投げた。「この辺に置いておかない方がいいわ、ダンが変な気を起こしても困るから。あなたは息子の良き手本となるべきでしょ！」サラは、また大きな声で笑った。「実際、うまくいけば、素晴らしいわ」

「本当？　本気で、これに賛成してくれる？」僕は彼女の言葉が信じられなかった。

「もちろん。私は夕食の準備をしないと」まるで、いつも夜にしている会話だったかのように返事をすると、彼女はキッチンへ向かった。今起きたことなのか？　僕が予想していた反応ではなかった。

「今夜の夕食は何？」そう聞いて突然、昼食に何も食べていなかったことを思い出した。「チキンよ」彼女は振り返り、あからさまに、ちょっと色っぽくかわいらしく「胸、足、**それと**太ももが、ご希望でしょ？」と付け加えた。僕はぺたんと椅子に座り込み、彼女の反応が本心なのか解明しようとした。克服すべきもうひとつの問題。

しかしその時、悪寒が僕を襲った。今のところ順調で、サラへの報告はひとつのことだった。では、どうやって忠実で勤勉な従業員、友人や同僚に、抵抗感を捨ててもらい、さまざまなブーツや靴、文字どおり二・五フィートの「足に張り付くセックス」を作ってもらえばいいのだろう？

それが僕の、次のハードルだった。

「ハイヒールの太もも丈ブーツは、単なるキンキーブーツじゃない――それは、ある世界から別世界への旅」

スティーヴ・ペイトマン

一歩踏み出すために振り返る！

次の日、僕は全従業員と友人や年長者を集め、これから行なおうとしている、おそらく父が心臓発作を起こし、祖父が草葉の陰で嘆くであろうことを、工場がある階へ足を運び話さなければならなかった。

従業員に知らせなければ。でも、どんなふうに伝えれば僕を信じてくれるだろうか？　みんな、靴業界を隅から隅まで知っている。僕は引退した父から仕事を引き継いだけれど、まだまだ若輩者だ。従業員は新しいプロジェクトを、どう受け止めるだろう？

一番始めやすいのは、閉じられた部屋にいる女性たちに話すことだった。そこは、裁断されたすべての革パーツを縫い合わせて「アッパー」と呼ばれる靴の上部を形成している場所だ。

部屋は三階建ての工場の最上階にあって、勇気をもってその竜の巣に踏み込んだ強靭な男たちでさえ、涙を流す場所だった。クリスマスに女性たちがパーティー気分でいた時、最も勇敢な男たちが思いきって上の階へ行き、試練を乗り越えてできればズボンが無事なまま階段を下りて、安全なところへ戻ることを願いながらも、打ちのめされ、ぶるぶる震える残骸と化しているのを僕は目撃したことがある!!!

「本気じゃないわよね、スティーヴ！　セクシーブーツ？　ここで？　ブルックス社で？」「そうだよ、ヴェラ。セクシーブーツとセクシーシューズだ」あぁ、僕はついに言ってしまった。「それに我々は、女性用**と**男性用を作るんだ」「男性？　誰が買うの？」もっともな質問。「そうだなぁマーガレット、ドラァグ・クイーン、異性装者……わかるよね、それからエンターテインメント業界の人々」僕は他に誰がいるか考えながら答えていた。「ブーツを履いた女々しい男、ってこと？」全員が爆笑だ。「私たちが計測をしていいの？　上の方まで？」露骨で偏見に満ちた工場のユーモアと、騒々しい笑い声が沸き起こる。「そして、計測中に、ひとにぎり？」グウェインがマーガレットの肋骨に肘をぐりぐり押しつけながら言った。「その歳で？　グウェイン」「歳は関係ないから、マギー！」

危ないぞ、小さな暴動が起きそうだ！

「みなさん、ちょっと落ち着いて」僕は騒音にかぶせるように叫んだ。「確かに、ちょっと普通とは違うように聞こえるけど、ブーツであり靴であることに変わりはないから」

このプロジェクトの体面を保たなければ。「我が社の標準的な靴製造からの離脱にはなるかもしれない、それはわかっているけれど、やってほしいんだ」

「あなたのお父さんは何て言うかしら？　スティーヴ」「そして、お祖父さんは？　何て言ったでしょうね？」「そうよ、そうよ」みなが声を揃えた「二人は、どう思われるかしら？」

リジーとエブリンは長年W・J・ブルックス社で働いていた――ずっと父の指揮の下で、一、二年は祖父の下でも二人は仕事をしている。父が経営していた時、彼は会社を前進させた――新しい市場の開拓に長け、たくさんの新しいスタイルに挑戦していたけれど、これほど過激なものではなかった。祖父はどうかというと――彼の時代から工場の配置や機械は、ほとんど変わっていなかった。でも僕の新しいプロジェクトには間違いなく、あたふたするだろう！

我が社には現代的な通信システムがなかった。実際、祖父が工場の階にいて、事務所に来てほしい時には工場のブザーが一回鳴らされ、もし父を呼びたければ二回、お茶休憩の時間になれば三回、ブザーが鳴らされた！

当然、コンピューターなんてない。僕がまだ一六歳の頃、学校から帰ってくると、従業員は計算早見表の助けを借りながら、会計を帳簿に記入していた。それはまるでチャールズ・ディケンズの小説のような光景！

でも僕は三〇代の工場長で、工場のあらゆることを更新したくて仕方がなかった。インターフォン、ファックス、コピー機、新しい電話――すべては一新されるべきだ。だけど、セクシーブーツのようなものは、現代をはるかに超えていた！

もしあなたが一〇代の僕に、君は、ある日もしかすると、ピンヒールで太もも丈の赤いレザーブーツを作っているかもしれないよ、そして、フェティッシュ・ショーや異性装イベントに行っているかもしれないよ、なんて言っていたら、目の前で大笑いしていただろうね！

実は、僕が学生時代からずっとやりたかったことは、イギリス海兵隊に入ることだった。まぁ、それは叶わなかったけれど、僕は今、消防士で、熱心なラグビー選手で、ノーサンプトン・セインツのサポーターだ。僕の心はいつも、刺激的で、やりがいがあり、多少の危険を伴う職業を強く望んでいた。

振り返ってみれば、物事は最終的に最善の結果を得られるってことに気づく。でも、家業に入ることは、一番したくなかった。

だから、憧れで終わったイギリス海兵隊員から消防士になるまでの間にあたる数年間は、とても重要なものになった。それは、僕を仕事の面で成長させ、ひとりの人間として心を開かせてくれたかけがえのない大切な時間。そして何より、自分の育った世界から何億光年も離れた知らなかった生き方を、寛容に理解することを、僕に教えてくれた時間だ。

ここで少し、歴史と物語の背景を紹介させてほしい。大丈夫、重すぎる話じゃない、あなたに知っておいてほしい大事なことなんだ。

僕は英国の中心部に位置するノーサンプトンシャー州ウェリングバラで生まれた。そこは、かつて繁栄していたブーツと靴の町で、ほとんどすべての角に靴工場があった！　他には鉄鉱石の採石が町の主要な産業で、一八六〇年代からその後一〇〇年にわたり大勢の人々が雇われていた。

ノーサンプトンシャー州のこの地域ほぼすべての村で、靴工場が稼働していた時代がある。文字どおり数十もの工場があった。男性、女性、一〇代の若者が雇われ、ほとんどすべての家庭に、あの騒々しく汚れた工場で働いている人がいた。それが生き方だった。

一八八九年、ウィリアム・ブルックスと彼の義理の兄弟オースティンが小さな工場をキング・ストリートに建てた。

そこはアールズ・バートン村のはずれで、ウェリングバラとノーサンプトンの間に位置する。その後一九〇六年に、工場はウィリアム・コックスと僕の曾祖父トーマス・ペイトマンに売却された。

一九世紀、アールズ・バートンでは約三〇人の靴職人が、家の裏に建てられた差し掛け小屋や離れで仕事をしていた。後に機械が導入されると、職人のほとんどは村にある多くの工場のひとつで職を得た。工業化の到来だ。

しかしながら一九三〇年代に世界恐慌が起き、一九九〇年代半ばまでにアールズ・バートンに残っていた工場は、わずか五つだけだった。そして間もなく、有名なバーカーシューズ社とW・J・ブルックス社の二つだけになった。率直にいって、他社が事業に失敗したことを考えてみれば、我々がこんなに長く生き残ったのは驚くべきことだった。

アールズ・バートンは活気に満ちた村で、固い絆で結ばれ繁栄する共同体をもつ。ネネ川流域の上方に位置し、有名なものといえば壮大なサクソンタワー。この塔は一九七二年に、イギリス郵便事業ロイヤルメールの四ペンス切手にも採用された！

理由はわからないけれど、この村は古くからネギ栽培が（何よりも）有名で、今でも懺悔の火曜日に村の年長者が焼くアールズ・バートン・ネギパイで知られている。村で生まれ育った人は誰もが「ネギ」と呼ばれる、しかし古老「バートナー」たちによれば、もとの古い村で生まれなければ、本物のバートナーにはなれないらしい。何世紀にもわたってノーサンプトンシャー州の工場はブーツと靴で名高く、一七世紀イングランド内戦中には、オリバー・クロムウェル[*1]の新模範軍用ブーツを手がけた。

僕の曾祖父は、ウェーダー[*2]をアザラシの革で作ったり、ロシア軍用のコサックブーツなどを手がけたりするところから始めた。ロシア人のブーツは脚の上部が大きかったので、兵士たちは寒さ厳しいロシアの冬、保温のためブーツによく藁を詰めていたようだ。

一九一四年から一九一八年には第一次世界大戦の猛攻で、我が社はノーサンプトンシャー州のほとんどの工場と共に将校や兵士用ブーツを作りはじめた。その後、第一次世界大戦が終わると伝統的なブーツと靴の製造に戻る。でも再び一九三九年に我が社の生産は中断、陸軍省に徴用され、新世代の兵士用ブーツを作った。

一九四〇年代半ば、戦争の後に我が社は、この国を世界的に有名にした上質で伝統的な英国靴——ブローグ、サイドゴアのチェルシーブーツ、ドレスシューズのオックスフォードやギブソンを製造する正常な状態に戻ろうと努めた。

我が社は戦争時代に別れを告げてから、まったく新しい顧客と関わりはじめた。信じられないかもしれないけれど、僕らの新しい製品に部分的に影響を与えた存在は、テディ・ボーイズ[*3]だった。

彼らのために作ったのが、甲高でつま先が非常に尖った「ウィンクル・ピッカーズ」という名前で知られるメンズシューズだ。他にも、厚さ一インチの天然ゴム底の「ブローセル・クリーパー」と呼ばれるファッション靴が爆発的人気を誇った。こうした流行は、一九四五年、戦争の直後、「我が国の兵士たち」が退役した時に起きたといわれている。兵士たちは家に戻る途中、ロンドンで手にすべき自由を満喫しながら時を過ごした。彼らはキングス・クロスやソーホーの怪しげなナイトスポットに足を運び、天然ゴム底のブーツが「売春宿（ブローセル）を這うもの（クリーパー）」として知られるようになるまで時間はかからなかった。我が社は他の多くの靴メーカー同様に、このスタイルを一九五〇年代に取り入れ、それはテディ・ボーイズの「必需品」になった。

五〇年代から六〇年代に入ると、ロンドンのシェリーズ・シューズとキングス・ロードにあるジョンソンズの靴を作りはじめた——どちらもファッション界のリーダーとして知られ、ポップスターや金持ち、有名人御用達の店だ。その時、そうとは知らずに、我々はショービジネスの世界に足を踏み入れていた。「ビートルズ」と呼ばれる有望なグループのために、つま先は先端が狭めなチゼルトウで、かかとは若干太めなキューバンヒール、側面に伸縮性のあるサイドゴアのチェルシーブーツを作ったのだ!!!

六〇年代から七〇年代初頭、スウィンギングと呼ばれたストリートカルチャーで流行のスタイルが定着すると、新しいファッションが進化を遂げた。「グラムロック」の名で知られる時代の到来だ。我が社の多種多様な色と素材の、さまざまなブーツと靴は、できるだけ高いヒールと厚底でなければならなかった。顧客を数名あげれば、マッド、エルトン・ジョン、アルヴィン・スターダスト、ゲイリー・グリッターなど。

その後、七〇年代中頃から末にパンク・ミュージック革命が起き、続く八〇年代、新しい電子音楽のスタイルが生まれ、アダム・アントやボーイ・ジョージのような大物スターが顧客となった。

デュラン・デュランやヒューマン・リーグなど八〇年代のニューロマンティックと呼ばれるミュージシャンたちが好んで選んだ履物は、履き口が大きく折り返されたスエードのピクシースタイルブーツだった。このブーツはまさに、当時のファッションを反映し、猫も杓子も、ふわっとした白いシャツに太めなバギーパンツを合わせていた。

八〇年代ポップシーンにおいて我が社最大の顧客は、ザ・ジャムだった。この象徴的なグループの各メンバー用に僕たちは異なる靴を作り、バンドはそれらを履いてアルバムジャケットの写真撮影に臨んだり、ライブツアーのステージに立ったりした。その結果、白いアッパーの黒い靴が大ヒット商品となる。ザ・ジャムは、おそらく、ファンが忠誠心をもってヒーローであるメンバーのファッションを真似る最後のグループのひとつで、ファンたちは当然、靴に関してもメンバーと同じものを当たり前のように所有した。

八〇年代、間違いなく世界最大級の展示会のひとつ、GDSデュッセルドルフ靴見本市を視察するよう提案したのは、一九六〇年代から我が社に製造を委託していたシェリーズ・シューズだった。父は僕を連れて参加し、そこで直面する競争を改めて目の当たりにした。

出展者で溢れかえる一三もの広大なホールのひとつを歩き回りながら、父は話しはじめた。「私が若かった頃、心配しなければならなかったのは、隣村の靴工場だけだった。今は見てみろ、アールズ・バートン対世界だ！　私の時代、ロンドンでの仕事の打ち合わせが遠出だった。我々はどうだ！　一日でデュッセルドルフに来ている！　世界がいかに縮小しているかってことだな」

流行に乗り遅れないよう頑張ってきたけれど、トレンドは絶え間なく変化しつづけ、九〇年代までには僕たちの予想をはるかに超え完全に変わってしまった。一六歳から二五歳の若者たちは、もうポップアイドルの真似をしようとはせず、流行はナイキ、アディダス、リーボックなどのスポーティーな見た目を取り入れた。みんな自分のシャツやズボンそして靴に目立つように入っているブランドロゴ、有名な名前を欲しがった。突如として、スタイルよりもブランドの名前が重要視されるようになって、それは、今日まで続いている。

世界的に著名なデザイナーたちジョー・ケイスリー・ヘイフォード、ジョン・リッチモンド、ヴィヴィアン・ウエストウッドなどの靴や、大作長編映画『バットマン』や『タンクガール』などで使用するブーツ、ブラーにオアシス、スパイス・ガールズ、デヴィッド・エセックス、レニー・ヘンリーなどスターたちの靴も作った。

しかし「グランジ」が張り合ったように、流行の反抗的な側面は僕たちの味方だった。靴は服を反映した。みすぼらしい格好という意味をもつシャビーでカジュアルな、工場で作られた大量生産、大量販売の安価な衣服を用いたインダストリアル・スタイルで登場した。それはハードで男性的な見た目の、たいていは黒でコマンドソールの、つま先に鉄鋼芯の入った紐穴三個の靴や、紐穴二八個の膝下丈ブーツだ。

永久不変のブランドリーダーは、ポップ歌手からローマ法王ヨハネ・パウロ二世まで、誰もが愛用したドクターマーチンだった。事実、法王は白のドクターマーチンを贈られると非常に感動して、即座に自分のスタッフ用に一〇〇足を注文している。

九〇年代には、より大きな変化が英国の靴業界に見られたけれど、流行とは無関係だった。それは、政治だ!!!

小さな企業は苦境に直面していた。家族経営の会社として、僕たちは常に自分たちの収入の範囲内で暮らし、決して借金はせず、帳簿の残高を注意深く管理していた。問題は、今まで何年も作りつづけてきた同じ靴を製造しつづけても、事業を破綻させずに継続するのは難しいだろうということだった。我が社は新しい市場と新しいスタイル、より大きな顧客基盤を必要としていた。

僕が実行したかったことのひとつは、家族にとっては驚きでしかなかったけれど、変化を起こすことだった――現代的にならなければ。僕が工場に入った最初の数年間は、一日に八〇から一〇〇足の靴を作り、約七〇名の従業員がいた。一九九〇年代までには、毎日一〇倍以上を作っていたけれど、従業員は約八〇名だった。

我が社は小規模な企業で、かつて、こうした会社は英国の活力源だった。ナポレオンは我が国を「商店主の国」と呼び、そこに僕たちが「小さな会社」を付け加える、別に驚くことでもないだろう。

その指導下では多くの中小企業が壁に突き当たったサッチャー夫人も、これがどれほど重要なことかわかっていたはずだ。彼女の父親は、結局はグランサムで自営の食糧雑貨商として小規模な商業を営んだけれど、そもそも彼と彼の先祖はノーサンプトンシャー州のアールズ・バートンからそれほど遠くはないリングステッドとラウンズで、ブーツと靴の職人として商売を始めていた。

その後、ジョン・メージャーが登場、総選挙前にはポンドの価値が上がり、やがて海外の顧客は注文を凍結しはじめた。当然、彼らは、このポンド高で慎重になり、我が社や他社へ注文しつづけることを渋った。

注文はキャンセルまたは保留だ。我が社は従業員を短時間勤務にせざるをえなくなった。こんなことは今までに経験したことがなく、父と僕に想像を絶する結果をもたらした。工場のあらゆる場所に、海外バイヤーからの「連絡」を待つ靴の入った箱が何百と放置されたのだ。

父は一九九〇年代後半で退職することを望み、僕は後を継ぐため修行中だった。明らかに奇抜で新しい製品の実験をしている場合ではなかったけれど、背に腹は代えられない！

だけど、その時はまだ、ブーツと靴が僕をゲイ・クラブやフェティッシュ・クラブ、スウィンガーズ・クラブ[*4]へと連れだし、異性装者やドラァグ・クイーン、エロティカの世界と遭遇することになるとは、微塵も思っていなかった！

さぁ、物語に戻ろう！　かなりの調査を経て、夢は現実になろうとしていた。まずは三つのこと——ひとつはデザインを手伝ってくれる人、次に弱気にならず従業員を説得すること、そして何より、サンプルの型を取るためのセクシーな脚が必要だった。

僕は工場の女性のひとりが、女性用サンプルのモデルになってくれるんじゃないかと確信していた。そこに問題はなかった。だがしかし、天よ我を助けたまえ、男性用はどうだ？　人生で初めて絶望を認めなければならない……僕は、ピンヒールを履いた野郎が必要だった！

ひょっとしたらアールズ・バートンが、キンキーになるかも!!!

「キンキーブーツを履いて後悔しているかと、よく聞かれる。僕の唯一の後悔は、早くやらなかったことだ‼　とはいえ、タイミングがすべてだ！」

スティーヴ・ペイトマン

3 すべては脚に！

「現金で五〇ポンド、稼ぎたい人は？」

女性たちからの反応は驚くほど好意的だった。飛び交う冗談、嫌味や笑い——彼女たちはとにかくセクシーな靴を自分たちのものにするという僕の妙案を気に入ってくれた。ブーツや靴の試着モデルをお願いしても協力者に困ることはなかった。現金での報酬なんて、さして重要ではなさそうだ。

ベヴはモデルに手を挙げてくれた女性の中でも、図面から製品化へデザインを進めるうえで、完璧な容姿と脚の持ち主という気がした。

しかし男性たちは別問題だ。僕は意を決し古くから続く作業場へと降りていった。そこは工場の心臓部で、上の階で作られた「アッパー」がソールと合体して靴が組み立てられ完成する場所だ。そこで初めて、それぞれのパーツが一体となって、まさに靴となる。

彼らに僕の提案を突きつけると、みな腕組みをして、立ち上がったり、機械にもたれかかったりしながら「さぁ、おまえのさらなる無謀な考えで、俺たちをぞくぞくさせてみろ！」と言わんばかり。これが、男性たちに僕の新しいプロジェクトを明かした初期段階だ。女性従業員同様の現金報酬も提示した。

「そのために、何をしろって？」従業員のひとりが大声で言った。すごい熱意！　いつまで続くだろう？「ひな型になる人がいるんだ。新しい型紙のもとになる、くるぶしから下と太ももから下、基本的に足と脚をセットで」僕はユーモアを交えながら軽い感じで伝えた。

何人かの年配従業員の手は下に垂れたけれど、ほとんどは挙がり、お遣いに選ばれたい小学生のように、手を振っていた。

「新しくて、ワクワクするような類いの製品で、とても変わったものなんだ。僕は男性を必要としている」そして恐る恐る、ほとんど聞こえないほど小さな声で「モデルをやってくれる」と付け加えた。

もう数本の腕と意気込みが弱まり消えていった。その時、機械の後ろからバートが立ち上がった。

「すばらしい、ありがとうバート、後悔させないから」僕はそう言った。

「ちょっと待て」バートは、いつもの不平をこぼす言い方で「立候補はしていない」と怒鳴った。

この反応が僕を驚かせることはなかった──実際、彼がそんなことをするわけはないとわかっていたから。バートは「古くから続く作業場」の群れを支配する雄、自己主張の強いリーダーだ。彼にとって、つま先に金属がかぶせられ喧嘩早いことをアピールする「ボバー・ブーツ」より男らしくないものは、いくじなしと臆病者のための靴だった。そして、気づいた。バートの妻は上の階で働いている、つまり彼女は、僕がセクシーな新しい製品に取りかかろうとしていることを明らかに知っている。

「これは全部、例のブーツ、キンキーなやつのことだろ?」バートが言った。

「**イーエース**」猛攻撃に備え覚悟を決めながら、僕は妙に母音を引き延ばして言った。

僕はボスだ、強くなれ、自分に言い聞かせる。

「バート、何か問題でも?」

「いや、少なくとも俺はやらねぇよ。俺は、ここにいる全員を代弁していると思うけど」バートはゆっくりと頭を回し、最後まで上げられていた数本の手をじっと見渡しながら言った。

男たちは一人ひとり互いに目を合わせ、バートを見ると、いくつかの手がゆっくりと防衛というポケットの中へ沈んでいった。他の人たちは革エプロンの上で腕を固く組んだままだ。

「君たちの誰かひとりが、やってくれるよね?」あまり楽観的にではなく、僕は懇願した。「クレイグ? バリー? 誰も見やしない、そもそも太ももから下だけだ。五〇ポンド、楽な仕事だろ」

「スティーヴ、おまえには楽な仕事かもしれねぇな」バートがあざ笑いながら続ける。「でも、俺たち全員が、そこまで必死ってわけじゃねぇ」

「リリー・サベージ[*1]に電話すればいいだろ?」おどけものが後ろから叫ぶ。「それか、ダニー・ラ・ルー![*2]」明らかに、それが何に関することなのか暗示する別の皮肉が飛ぶ。「または」バートが唸った(きっと彼は、最後の一行を言いたかったんだろう)……「これは、おまえのイカレタ提案だ。なぜ自分でやらねぇ?」

荒々しい爆笑が部屋中に響き渡った。徐々に男たちは機械での作業へ戻っていった。ひとりか二人、何に関する話だったのか把握した従業員は、片手を尻にあて互いに投げキスし、気取って小股で歩きながら自分の機械へ戻っていった。

男性たちへの第一ラウンド、終了。でも、これを止めるつもりはなかった。少なくとも僕は、女性たちを味方につけた。ただちに男性たちに戻らなくては!! 再び正当な理由で、彼らを呼び集められるだろうか??

「いいかい、君たち全員、恥ずかしがり屋すぎるかもしれないぞ。おそらく脚の静脈瘤や、ごつごつした膝を気にしすぎているんだろう。でも、僕は誰かを見つける、心配するな。君たちが「モンキーブーツ」と呼ぶ製品は作られ、そのモデルに誰かがなる。そしてこれは、工場の救いになるだろう」

憂鬱の雲が僕に下りてくることは滅多にないけれど、自分が急速に沈んでいっているのか、それとも、ただ一時的に意気消沈しているだけなのか、わからなかった。おそらく両方だ。その夜、家へ帰ってサラに問題の話をして初めて事態は明らかになった。

「それはあなたのやることよ、スティーヴ!」サラは、いつ以来かわからないほどの満面の笑みを浮かべていた。「やりなさいよ。なぜ嫌なの?」

「もし僕がやったら、彼らの勝利だ」

「バカなこと言わないで」サラは現実的で、協力的で……たいてい正しい。「彼らは、あなたが内心、そうするだろうってわかっていたことをしただけよ。つまり、アーニーやデズ、それともバートが、それをやっているところを想像できる？ ちょっと、冗談はやめて。これは、あなたのプロジェクトなのよ、あなたがやりなさい。見た目も、スタイルも、どうしたいのかも、あなたはわかっている。あなたじゃなきゃ、だめよ」

わかっている、彼女の言うとおりだ。ただ、それを認めるのが嫌だった。これは僕のプロジェクトで、僕の夢で、何よりビジネスの生命線になる可能性を秘めている。死ぬ気でやるしかない状況下で、もし誰かが大恥をかくなら、それは僕であるべきだ。父が「模範を示し指導せよ」と言うように。でも、これはやりすぎじゃないか？

僕の脚は、まぁ、そんなに悪くなく、靴のサイズは一一インチ、ちょうど平均的な大きさだ。この任務にふさわしいだろう。だが頭の片隅に、ボスとはこういうことをしないものというつまらないこだわりが、まだあったのだ。

だから今こそ、僕らと悪気のない従業員が直面している、いくつかの現実的な問題を解決しなければならなかった。ブーツ用の測定と調整は思っているほど簡単ではない。第一に脚の形は多種多様。そして言うまでもないけれど、男性の脚は、女性の脚とは違う。

さらなる調査、今回はより実用的な調査をする必要があった。脚の話をしなくては！ 脚を測り!!! 脚を研究!!!

デザイナーのジェニーとジョーイは僕と同じくらい熱心で率先して測定を手伝ってくれた。

ジェニーが女性たちを測り、僕が男性たちの脚測定というやっかいな仕事を担当した——まぁ、その人たちは立候補してくれたんだけど！ 僕らは足のサイズと身長を関連づけようとした。体格、足首、ふくらはぎ、ふくらはぎの中央と上部、膝の高さ、膝、そして注意深く太ももの採寸をして、測定の一覧表を作った！ その結果に唖然とした。

「こんなに差があるなんて、思ってもみなかった」ジェニーは集めた重要な統計データを入念に見ていた。「ヴェラの身長は六フィートだけど、彼女の脚の寸法はオリーヴと同じで、オリーヴの身長は五フィート六しかないわ」

僕はジェニーの一覧表をのぞき込んだ。「それに、男性のふくらはぎの位置は女性とまったく違う」靴業界にはかなり長くいたけれど、こんなことを考えたことはなかった。

「そうだな」僕は言った。「どちらも幅をもたせて作ろう。女性向けはサイズ三からサイズ七、男性向けはサイズ七からサイズ一三だ」

僕らは顔を合わせ、かなりワクワクしていた。アイデアが湧き出てきて、意見を出し合えば合うほど、ますますひどい、馬鹿げたものになっていった。可能性とクレイジーなデザインと見た目は、しかし徐々に面白いものとなった。僕らは制約や限界が頭の中にだけあったことを、この新しいプロジェクトですぐに悟った。結局のところ、リリー・サベージに頼むって考えもクレイジーではなかったってことだ。

女性用のブーツと靴は新しい領域だった。W・J・ブルックス社は他のノーサンプトンシャー州にあるブーツや靴製造業者同様、紳士靴に専念していて、婦人靴は主にレスターやノリッジで製造されていた。

しかし僕たちには、いくつかの事実があり、それら事実は雄弁に大きな声で、その実、声を限りに叫んでいた――「スティーヴ、**あなたは女性と男性向けモンキーブーツの王様になるでしょう**」

僕は心底この新しい冒険的事業に興奮していた。そして少しずつ従業員も、男女共にゆっくりと僕の考えを受け入れてくれて、僕の興奮を共有しはじめた……それともみんな、僕が思うより優れた俳優だったのかな？

次のステップは取り組むうえで基本になるもの、サンプルを作ることだった。僕はノーサンプトンのラスト職人に自分のオックスフォード・ブローグを一足渡した。ラストとは靴のような形をしたプラスチックの塊だ。革の「アッパー」は、この上で引き伸ばされ最終的な靴の形になり、その後、別の部門に回され靴底が付けられる。

「ねぇ、マイク、君はラストのことを知り尽くしている。これは良質で本物のオーダーメイド紳士靴なんだけど、これをハイヒール用のラストに作り変えられるかな？　特注品みたいな履き心地にするために」

マイクは少し考え「できるよ。幅を広くして、傾斜度を変えて、ヒールを合わせれば、完成だ」と言った。彼は非常に手際がよくて、まるで僕が一般的な紳士靴用のラスト作りを大急ぎで頼んだような感じだった。僕らは順調に進んでいた。新しいラストが出来上がると、中底職人に電話をして、僕が成し遂げようとしてる計画を説明した。

第一に考えたのは、男性が履く前提である以上、ブーツや靴はかなりの重量に耐えられるものでなくてはならないということだ。つまり中底の補強が必須で、それはどんなハイヒールの靴であれ基盤となる。足を支えるために成形された金属板を靴の土踏まず部分に差し込む必要があることに僕らは気づいた。

また深刻なことにピンヒールは、ドラァグの衣装一式を着てメイクをした約一一四キロの男を支えるため、ヒールのプラスチック内部により重いグレードのステンレス鋼の棒を必要とした!!

次の段階は試作品用の型紙を作ることだ。幸運にも顧客のひとりで、レスターでパタンナーとデザイナーをしているジョーイが、このプロジェクトに手を貸してくれることになった。彼は過去に紳士用婦人用サイズのブーツと靴はもちろん、さまざまな型紙や図案を作っていた。それだけではなく、ハイヒールやプラットフォームソール、サイドジッパーなど多彩な履物の図案を手がけ、僕がかなりセクシーだと思っていた黒や赤のＰＶＣというビニールからできたフェイクレザー素材も扱っていた。ＰＶＣは本革よりも扱いが難しいので、専門的な技術をもつジョーイの助けは非常に貴重なものとなった。

デュッセルドルフでの国際靴見本市が間近に迫っていた。この展示会は年に二回、三月と九月に開かれる。そこでお披露目する小さなコレクションを、できれば二、三種類、作れないだろうか？　展示会センターには広大なホールが一三あって、ノーサンプトンシャー州の靴メーカーはすべて、ひとつのホールの一角に集まる。再び僕たちは、サメが出没する海の小魚のような気分になるだろうけれど、やってみなければ。このブーツに市場があるのか、自分たちで確認する必要があった。

だから僕らはブースを予約した。二五平方メートルのブースに、通常の高品質で典型的な英国靴、ラバーソールやウィンクル・ピッカーズ、ヘヴィなグラウンジ・ファッションのブーツを並べたけれど、中央の目立つ場所は、新しいサンプルだ。僕は小さな空間を新たな製品「ザ・ブーツ」に割り当てた。そう、あなたが想像している――赤や黒の、本革、パテントレザー、ＰＶＣのやつらが、闇夜の灯台のごとく目立っていた！

たくさんある広大なホールで、僕らの新しいブーツのような製品を展示しているところはなかった。ブーツたちは、何かと人々の話題に上がり、間違いなく楽しませてくれた。人々がブースを訪れた時、僕は本当に驚いた。ブーツたちが、ほとんどの人に催眠術をかけ、忘れていた動物的本能を呼び覚ましているみたいだったからだ。人々はブーツに触り、感じ、優しくなでたり、ブーツの表面に沿って手を一方向に動かしたりしていた。その時、僕は初めて、このブーツや靴たちの新しい一面を見た。
こいつらは単なる履物ではない。僕は確信しはじめていた。こいつらは生きている。それぞれに独自の個性がある。ドアを蹴り開け、秘密のファンタジーを解き放ち——こいつらは、新しい生き方の中核をなす。
突然、僕は自分の創作が、自分を含め人生を、永遠に変えうると悟った。

「ハイヒールの靴とブーツは、秘密の願望と夢を解き放つ、あらゆるファンタジーへのマスターキー」

スティーヴ・ペイトマン

4 父の同意

「何だって？　いくら？　頭がおかしくなったか？　この会社は自爆作戦中か？」

父は僕の新しい提案に失望しているようだった！

デュッセルドルフから戻り、取締役会長である父を味方につける時が来たと思った。すでに新製品があることは話していた、ただし詳細は抜きで。実際、父は僕が密かに進めている内容を何も知らなかった。これは大変なことになる。何より最も話すのを恐れていたのは、このプロジェクトが投資を必要としていることだった。しかも、かなり多額の。

新製品がレディーススタイルの靴で、男性サイズ七から一三で作るというところから話を始めた。父の表情から完全に混乱に陥っている様子が見て取れた。それはまるで僕が物理学の量子法則を引用しているかのような感じだった。

「男性用のハイヒールブーツ？　何だそれは、釣り人が川の中で使うウェーダーみたいなものか？」

「いや、父さん、かなり違うよ」まぁいい、一考ある！「違うんだ、ブーツはエロティックなファッション市場向けなんだ」

「だが、ウェーダーにエロティック要素はあまりないぞ」

僕は、生きる望みを失いそうになった。

「父さん、新製品は男性用のセクシーなハイヒールブーツです、クロス・ドレッサー、異性装者向けの」

「その人たちは何をクロスするんだ？」無邪気！　こんなに深刻な話じゃなければ、笑うところだった。「いや、父さん、その人たちは男性で、女性として着飾る。そうだ、ドラァグ・クイーンって聞いたことないかな？　あとパントマイムで男性の喜劇役者が演じる年配の女性とか？」「あぁ、今なんとなくわかったぞ、レス・ドーソン[*1]みたいな？」

光がわずかに見えた。

「そんな感じ、父さん」この勝負を有利には進められていなかった。だから「ただ同意して、先に進もう」と思った。この時点で僕は一か八かやってみた。何枚かの写真を取り出して、ショックを受けるかもしれないと予想しつつ、父の目の前に置いてみた。「おぅ、なんだ、六〇年代のようなって意味だったのか？　なぜ言わなかったんだ？　時間の節約になったのに」

僕は写真を引っ込めた――それらは、あまりにも気を散らした。

「では私に……これを正しく理解させてくれ」父は椅子にふんぞり返り「おまえは、婦人靴用のハイヒールを紳士用の靴やブーツに取り付ける機械を買いたいのか？」

大当たり！

ブーツや靴作りは複雑な仕事で、僕らがしなければならないことは、いつも行なっているヒールの取り付け方とは完全に違う工程を要した。新しく改良されたピンヒールの耐荷重を徹底的にテストして、最も体重のあるドラァグ・クイーンを支えられると確信していた！

工場のすべての機械は一定の生産に合わせて調整され、新しいデザインの靴を作る時は毎回、微調整をしている。でも今回は大規模な変更で大きな賭けだった。僕らは新しい機械が必要で、その費用は一六〇〇〇ポンド、さらに型紙、材料、製作時間と、より多くの経費が確実にかかる。

「そのとおり、もうブリティッシュ・ユナイテッド・シュー・マシーナリー・カンパニーと連絡を取り合っていて、試作用に一台押さえている。もし問題がなければ、それを割引価格の一六〇〇〇ポンドで手に入れられるんだ」

「一六グランドポンド！　おまえ、それを値引き額と言うのか？」

「大丈夫、この賭けは絶対にうまくいく」僕はデュッセルドルフでの出来事を父に話しはじめた。

「本当だよ。父さんにも、あそこにいてほしかった、信じられない反応だったから。こんなに関心を集めるなんて夢にも思わなかった」

「注文は、どうなっているんだ?」特に問題になるのは、そこだけ?

「それはすぐに話す。市場がかなり幅広いことは確実だから、僕たちが市場をしっかりと捉えれば、何が起こるかなんて誰にもわからないよ?」

「注文は、どうなんだ?」

「父さん、もし我が社が生産中なら、何百もの注文を受けただろうね、関心はそれほど高かった。ヨーロッパと英国にある二〇の店舗が、こうしたブーツや靴を欲しがっているけれど、新製品だから、まずはみんな、いくつかのサンプルを見たがっているんだ」

　僕は切り札を使う準備をしていた。「わかるだろ父さん、デュッセルドルフで獲得した関心と、隙間、それも世界規模のニッチ市場を独占しうるアイデアで……」いくぞ!「……この新しい冒険的な事業には、実に我が社を継続させ、W・J・ブルックス社を救済しうる、あらゆる可能性があるのです」

沈黙。工場を救うってところが、胸に突き刺さったと思う!

　僕は目をのぞき込んだ。頭の中が回転して歯車がカチッと噛み合い、顎をこすり耳たぶを引っ張り真剣に考える時のいつもの兆候が聞こえそうだ。父は可能性を考えはじめているようだった。

　両手を握っては開き、期待で汗をかきながら承認を待った。何年も経ったように感じた後、預言者は話しはじめた。

「おまえは、この金が投資されたら直ちに専念する、わかっているな」

「わかっています」

「引き返せないぞ?」

「わかっています」

「この一六〇〇〇ポンドを越える金は、おまえのものになるかもしれん——おまえには証明するものが何もない」

「わかっています」それしか言えなかった。

「では、おまえが本当にそれでよいのであれば」よし、父さん続けて、早く言って、イエスそれともノー？「おまえが本当にそれでよいのであれば、応援しよう」

「ありがとう父さん、すごいよ！」

心の底から安心した！　父はヒールを取り付ける機械の契約が署名だけを残す段階まで進んでいて、機械が試験的にもう工場にあり、サンプル製作の準備が整っていることを知らなかった。

ドイツから戻った直後、僕は英国靴連盟を代表して、『ザ・フィナンシャル・タイムズ』紙のインタビューを受けることになった。この頃、靴連盟と衣類連盟は合併。主要な英国衣料品店で、最後まで残った英国製造業者を支持する企業のひとつ、マークス・アンド・スペンサーでさえ、国内市場で闘うため海外生産を始めなければならなかった。ポンド高は輸入品を安くしたけれど、それは同時に、海外の顧客に輸出する我々のような英国製品をさらに高価にした。『ザ・フィナンシャル・タイムズ』紙は、靴業界と衣料品業界の苦境に関する記事を書いていた。為替レートの影響は海外を主な市場とする製造業者と卸売り業者に大規模な破滅をもたらし、我が社の総生産量の約九〇％は直接的または間接的に輸出されていたので、わずかな為替レートの変動でも、潜在的な注文や発送待機中の注文に対する損害は大きかった。

この記事のインタビューで僕は、その頃に自分の頭の中を占めていたすべてのことがらを、かなり性急に打ち明けた。最も伝統的な靴製造業者のひとつである我が社が、キンキーブーツとエロティックな衣類を新製品として発売しようとしていること、さらにこれが、何百万回も言っているように、W・J・ブルックス社にとって「一か八かの大勝負」であることを、はっきりと述べた。

そして、クリスマスまでに上向きにならなければ会社は終わりだ、とまで断言した。我が社の歴史に引っかけ、一一五年後には、すべての僕らの卸売り業者と地域社会への波及は言うに及ばず、失業手当を受け取る失業者たちの行列に一〇〇名近くの人を並ばせる状況になるかもしれないと、ちょっと大げさに言ってみた！

翌日、会社に行く途中、僕はいつもの店に寄って、いつもの新聞と一緒に『ザ・フィナンシャル・タイムズ』紙を買った。記事に目を通し、オフィスの従業員に見せた。

「うわぁ、新聞に載るなんてセレブですね。W・J・ブルックス社は有名になりそう」クラリスは記事を名誉に思ったようで、切り抜くと工場がある下の階の掲示板に貼り出した。この時点で彼女は、自分の言葉がどれほど予言的であったか、知る由もない。

だがすぐに、僕たちは全員、気づくことになるのだ。

スティーヴ・ペイトマン

「セクシーな靴は、脚の下着」

トラブル・アット・ザ・トップ

再び、ロージーからのブザーが鳴った。

「女性からお電話です」

「本物の?」

「はい、今回は間違いありません」

「回して。それからロージー?」

「何でしょう?」

「ミルクティーを砂糖二杯で、よろしく」

「すぐにお持ちします」

電話の主はミッシェル・カーランド、英国の公共放送機関BBCのアシスタントプロデューサーだった。イングランド北部で撮影をしていて、たまたま『ザ・フィナンシャル・タイムズ』紙の記事を見かけたという。必死に頑張っている小さな会社を題材にした『トラブル・アット・ザ・トップ』というシリーズの制作中らしい。

「御社は、苦戦されている会社でしょうか?」

「それがおたくと何の関係がありますか? よくもそんなこと平気で言えるな! 消え失せろ!」と言いたいところだったが、僕は代わりに単純に「はい」とだけ答えた。

「おぉ、素晴らしい。御社はまさに悪戦苦闘中で?」

「あなたには想像もつかないことですよ」

デュッセルドルフの高揚感は少し落ち着き、僕はまたしても、我が社の現状に怖じ気づきはじめていた。

「クリスマスまでに事態を解決できなかったら」僕は言った。「工場を閉鎖して、従業員を解雇せざるをえないかもしれない、その可能性があるんです」

「どうか私が無神経だと思わないでください。でも、それは素晴らしい。私が言いたいのは、そういうことを私たちは、このシリーズで取り上げたいんです」

「本当ですか?」

「はい。申し上げたように、もうすぐ我々はBBC2で放送する『トラブル・アット・ザ・トップ』という番組のセカンドシーズンの撮影を始めます。厳しい状況を耐え抜き、事態を好転させる新たな策に取り組んでいる会社に密着していきます」

「身に染みますねぇ」僕は口をはさんだ。

「もしよろしければ、お会いする約束をさせていただき、御社の「キンキーブーツ・プロジェクト」の進捗を追うことができれば、と」

彼らは北部にある会社の撮影をまさに終えたところで、翌日ロンドンへ帰る途中に立ち寄りたいらしい。まず僕の頭に浮かんだのは「何を失うだろう?」次に、またしても現実だ。父と家族はどんな反応を? 我が社の従業員はどうなる? もし成功すれば、ものすごい宣伝になるだろう。一方で、もし失敗すれば馬鹿にされかねない。

次の朝、そのBBCの人たちがやってきた。アンテナだらけで「BBC」の文字をあちこちにつけたトラックやバンが、キング・ストリートを埋め尽くすのではないかと想像していたけれど、そうではなく、主要な人々は拠点へと戻り、プロデューサーのスーとアシスタントプロデューサーのミッシェルが我々に会うため工場にやってきた。

二人とも実にいい人たちだった。当然プロフェッショナルで、穏やかで説得力があり、見るものすべてにかなりの関心を示す。二人はまるで学校の遠足でやってきた熱心な子どもたちみたいに、目に入ったどんなものについても互いに談笑していた。工場の視察中には、機械と「花形」ブーツたちの写真を何枚か撮っていた！　僕は従業員に隠し事はできなかったので、まず前もってみなに知らせ、いつもどおり作業するよう頼んでいた。

最後に役員室へ行った。壁に並んだ色あせたセピアの先祖たちの写真に、スーはとても惹きつけられていた。

彼女は『トラブル・アット・ザ・トップ』のことを聞いたことがあったかと尋ねてきた——僕は知らなかったことを認めるしかなかった。見たことがある唯一のリアリティー番組といえば「壁のハエのように、人に気づかれない形で観察する」タイプの、イングランド北部のどこかのホテルで従業員を追ったドキュメンタリーだった。

「そうですねぇ」ミッシェルが言った。「似てはいるけれど、私たちはもっとビジネス番組です。御社がキンキーブーツを作り上げるすべての過程、製造、マーケティング、デュッセルドルフで商品を発売するまでの流れを通して追いたいんです。素晴らしい番組がもっている全要素がありますよ、ペイトマンさん」彼女は、もう一枚ビスケットをつまみながら「これは、私たちにとってまったく新しい領域で、このシリーズのために準備している企画や、かつて取り上げたどんな内容とも完全に異なります」と言った。

「それはわかります」僕は遠慮気味に続けた。「でも、それが我が社にどんな影響を及ぼすんですか?「壁にいるスパイ」のようなカメラと、あなた方はどう連動するんですか?」

「この番組は、そういうタイプのドキュメンタリーではありません。私たちがすることはすべてフィルムに残され、何が起きているのか、その場であなたは正確に知ることができます。ここでも、どこでも、私たちは足を運び一日撮影をします。すべてのことは事前に計画され、許可なしに何かを隠し撮りしたり、人々がよからぬことをする様子を撮影したり、工場の問題を世間にさらす「秘密のスパイカメラ」になることはありません」

「わかりました、それなら大丈夫です」僕の返事で、不意にミッシェルの緊張が解けたように見えた。

「それから、スティーヴ、あの、スティーヴとお呼びしても構いませんか?」彼女は男の懐に入り込む術を熟知していた。「素敵だろうなぁと思うんです。ある種の素晴らしい場所で撮影をする機会があれば」

「どういう意味ですか？　工場や村の周辺？」

「あぁ、まぁ野外の場所やもちろん工場、でも何より視聴者の好奇心をそそるのはキンキーブーツですよね。顧客の方々に、おそらくここで試着、その後にはロンドンのクラブやショーのステージでブーツを履いていただく。どうでしょう？　ドラァグ・クイーンや異性装者の方々が大いに盛り上げてくれたら、この番組が本当に際立つと思うんです」

「それは、ちょっと違うものになるんじゃないかな」僕の言葉に、彼女は興奮気味に「私が思うに」コーヒーを喉に詰まらせながら早口で「世間をあっと言わせるものになるかもしれませんよ」と付け加えた。

僕にはただひとつ、あまり聞きたくはないけれど、しなければならない質問があった。「こちらには、この番組で、いくら払われるんですか？」

「あっ、申し訳ございません。我々はＢＢＣで報酬は支払わないんです。でも、この興奮と何回かの食事代を経費で考えてみてください。そのような条件だと可能性は変わりますか？」

「いや、でも私にとって、どんな利点があるんでしょう？」

「広告宣伝、スティーヴ、世間の注目ですよ」

魅力的だ、と思った。大金をもらえず引退してバハマで暮らせないというショックから立ち直りさえすれば、この話は間違いなく歓迎すべき宣伝になるだろう。何百万もの人々がテレビを観ているのだから、悪いはずはない。

この考えと可能性は、自分にとってかなり好ましいように思えてきた。我が社が失うものは何だ？　従業員を説得しなきゃならないけれど、みんなは、こういう番組への参加を楽しんでくれるだろうか？　それに家族だ。サラに話さなければ、でもきっと彼女は賛成してくれるはず。それから再び、父だ！　父はこれを行きすぎだと思うだろうか？　太ももまであるサイブーツ作りは一事、だが、そのブーツをカメラの前でＢＢＣのために披露することは？　また別の話だ。

「おまえは、大馬鹿者」父は言った。

おそらく、もう少し間接的に伝えるべきだったのかもしれない。でも、どうやって？　父は僕を、クリケットのボールを温室の窓にまた打ちこんだ悪戯坊主のような気分にさせつづけた。

「もしそれがおまえに不利に働いたら、どうなる？　おまえはただ馬鹿をみて、他のみんなはどうだ？　自分以外の誰かのことを考えたことはあるのか？　なんてことだ、私の父さんは何て言うだろうな、ちゃらちゃらとテレビで、おまえのポルノブーツが売り込まれていたら？」

「父さん」僕は訴えた。

「続けろ、やればいい。だが、忘れるな――私の考えは、関わりたくない、ということだ」

父は正しい、それはわかっている。でも、それでもなお僕は、もし成功すれば工場にとって朗報になると固く信じていた。だからこれを、僕はやらなければならない。

「ねぇ、そんなこと言わないで。これはすべてブルックスに関することなんだ。僕らの苦闘、僕らのサバイバル、僕らの物語なんだ。BBCのプロデューサーは約束してくれたよ、主導権は僕が握るって。工場の歴史と人々にまつわる番組になる予定なんだ。ちょっと考えてみて、どうやって僕たちのような工場が、作業に取り組み生き延びたのか、将来、振り返って理解できるんだ。これはW・J・ブルックス社にとって素晴らしいことで、会社を守るための努力を記録したビデオになると思うんだ」

そうは言っても、これは僕がオファーを受ける理由のひとつにすぎない――別の関心は、報酬が出なくても、これほど多くの人々に会社を知ってもらえる手段が他にあるのか？ということ。もしテレビに出れば、僕らの靴とキンキーブーツによって、我が社は直ちに知られることになる。だから、BBCが僕を無償で番組に利用するのと同じくらい、僕はBBCを無料広告として利用することにしよう。これは金銭的に新しいプロジェクトではまず不可能な、他の方法では絶対に手に入らない、宣伝広告なのだ。

再び、かなり長い沈黙が続いた。「まぁ、どうなるかは数年後にわかるだろうな」父は言った。「もし、おまえがやると本気で決めたなら、やれ、支持する。ただ私は、おまえに警告しているんだ、それだけだ」

「約束するよ、父さんが後悔しないって」僕は、自分自身の疑念が顔に出ないよう必死に取り繕いながら言った。

「後悔？　私が後悔することなんて何もないぞ、おまえが今後、後悔しないことを祈ろう」

ありがとう、父さん。その言葉は僕を、さらに複雑な気持ちにした！

こうしてミッシェルに承諾の電話をした。前向きに考える時だ。僕がうまくできさえすれば。

「それはよかったです！」電話の向こうの声は、完璧なＢＢＣ英語だ。「過去に放送した番組のビデオをいくつかお送りしましょうか？　私たちが御社に期待している類いのことをお伝えするために」

この番組を過去に観たことがなかったので、そうしてもらえると非常にありがたい。ビデオを観て、すべきこと、すべきでないこと、好ましいこと、絶対に嫌なこと、許可すること、拒否すべきことを書き留められる。さまざまな考えが再び頭の中を駆け巡っていた。結局、彼らは僕の世界――僕の工場と彼らがほとんど知らない靴業界――にやってくる、そこは僕の縄張りだ。おそらく、うまくいかないはずはない。

まるでジェットコースターに乗っているような気分だった。固定され、柵が下り、ガタガタと揺れながら動き出すと、ゆっくり上へ上へと昇ってゆく、いつか猛烈な速さで音をたてながら、未知の世界へと落ちて、落ちて、落ちてゆくことを知りながら。


「セクシーブーツのデザインは、実用的であるだけでなく、まったく実用的ではない履物という印象も与えなければならない」

スティーヴ・ペイトマン

6 ライト、カメラ、アクション！

父を味方に二度目の打ち合わせが早急に設定され、僕はその席で約束を取りつけることにした。難しい状況だ。ひとたび番組が完成すればＢＢＣは立ち去り、他の番組を作りはじめるだろう。だが村の人々、とくに僕の従業員は、村に永遠に残る番組で取り上げられたあらゆることを背負い、生きていかなければならない。僕は番組を死ぬほど正当な、願わくは、僕たちと地域社会のためになるものにしたかった。

「いいですか、この番組の件で私への報酬はありません。みなさんが入るのは私の領域ですので、敬意を払い礼儀正しく私や我が社の従業員を扱ってください。いかなる不意打ち、驚かせることも、ご遠慮いただきたい。起こらないことを捏造したり、誰かを、特に私と私の家族を、愚かに見えるようにしたりすることは、絶対にしないでください」

「はい、はい、承知しました。驚かせたりしませんよ」

「編集に関しては、どうなっていますか？」これは、僕が他に懸念していることだった。

頭の片隅には何年も前の出来事があった。一〇代の頃、僕は地元の教会の青少年クラブに入っていて、率いていたのは俳優のアーノルド・ピーターズだった。彼はＢＢＣラジオ４の『アーチャーズ』で主人公のひとりジャック・ウーリーを何年も演じていて、もっといえば一九五〇年代にラジオの連続ドラマが始まった頃から出演していた。他にも『ラスト・オブ・ザ・サマー・ワイン』『オンリー・フールズ・アンド・ホーセズ』『ダッズ・アーミー』などのシットコム[*1]でさまざまな役を演じていた。

二、三回、彼が手配してくれて、全員でロンドンへ行きBBCテレビ番組の録画現場を生で見たことがある。忘れられない出来事のひとつは、ロバート・リンゼイが主演する『シチズン・スミス』の撮影現場にアーノルドが僕たちを連れていってくれたこと。その後バックステージへ行き、ロバートとしばらく話したことは、何よりも素晴らしかった。当時ロバートはテレビに出ている有名人のひとりで、誰もが彼の演じるウルフィーの決め台詞「パワー・トゥ・ザ・ピープル」を、あちこちで使っていた。

撮影中に僕たちが目にした多くの場面は、完成した番組に出てこなかった。もし、これが『トラブル・アット・ザ・トップ』で起きたら、視聴者への伝わり方に影響しかねない。見境のない編集は、発言を歪曲しかねないのだ。

「私の編集権限については、どうお考えですか」かなり勇気を出して尋ねた。「どのように関わるのでしょうか、僕に編集における発言権はありますか？　もしあなた方が事実を歪めすぎたら、どうするんですか？」

「あなたに編集に対する権限はありません」露骨かつ譲歩しない返答だった。

あぁ、出ばなをくじかれた。これは大きな障害だ。

「とはいえ、すべての段階で関わっていただきます、約束します。あなたの物語をそのまま伝えること以外、どんなことをしても私たちのためにはなりません。ですから、もし編集後に不満な箇所があれば、再考し、場合によっては再撮影をします」

ちょっとショックが和らいだ。

「これはあなたの物語です。あなたは事実を我々に伝え、撮影中はずっと私たちと一緒です」

「個人の特定に関しては、どうなっていますか。名前を出されたり、見られたくない人がいたりするかもしれないので」

これは聞いておかないといけない、重要なことだった。

「スティーヴ、我々はBBCです。ガイドラインがあって、すべての関係者を守るためにできることはすべてしています。匿名を希望される方々の名前を出したり映したりすることは絶対にありません」

編集権限のないことを承諾していたので、正直なところ、イエスと言わない理由がなかった。同意すると、彼らは非常に喜んだ。

新しいシリーズでは六つの番組が放送される予定で、僕たちは三番目か四番目あたりになりそうだ。輝かしい光となるであろうシリーズ幕開けの初回は、雑誌『ヴォーグ』のロシア創刊を特集。それは視聴者を惹きつけるシリーズの目玉となるはずだ。

僕はそれがとても嬉しかった。何だかんだ言っても、僕らの物語が『ヴォーグ』誌のロシア進出とは比べものにならないって、わかっていたから！

そして本題だ。BBCの人たちは僕らの物語に途中から入ってきた。我々はすでに試作品をデザインして作り、デュッセルドルフに行っている。だから時計の針を巻き戻して、この物語の最初の方を再現しなくちゃならない。

これがかなり厄介だった。すでにやってしまったことを本職の俳優でもない限り、その時々の驚きや感じ方で、でっち上げるのは難しいからだ。しかし後でわかるように、すべてはうまくいって、僕らの疑わしい演技力に彼らは満足してくれた!!

BBCは撮影初日に工場や村の周辺で背景の撮影がしたいと、撮影日を提案してきた。なんとそれが、最初の問題だった!!

「すみません」こう言うのは、物事を進める最初の試みで大変申し訳ないと感じたけれど、「ロンドンに行って新しい顧客と会う約束をしているんです。彼は、おそらくキンキーブーツを履くことに興味をおもちです」

この人物は、最初のデュッセルドルフ見本市からの新しい見込み客のひとりで、逃すわけにはいかなかった。彼は「アダルト・エンターテインメント」業界に関連するあらゆるものに特化した大規模な卸売り店をロンドンで営んでいた。

僕は、BBCのプロデューサーたちが困るかもしれない、と心配していた。が、それどころか……

「おぉ、いいですね、撮影しましょう」僕の予想は大きく外れた。

「あの、私はこの方を詳しくは存じておりません、デュッセルドルフでちょっと会っただけなので。うまくいけば、新しい顧客になってくれるかもしれませんが、おそらく、撮影するのはそれほど名案だと思いませんん」

「では、彼に電話してみるのは？」

「それはどうでしょう。ちょっと彼に負担ではないですか、見本市以来会っていませんし」でも彼らは、簡単には諦めそうになかった。

「それなら我々がその方に電話しましょう」

「ダメ、やめてください！　私の顧客ですから。じゃあこうするのは、どうですか？　まず私が彼に電話をかけて、番組とBBCのことを話します。もし彼が喜んでくれたら、やりましょう」かなり緊張しながら僕は電話をかけた。

　多くのこうした会社は、ちょっと秘密主義で自分たちや顧客を守る傾向にあるため、彼が同意してくれるとは一瞬たりとも期待していなかった。

「そうですか、問題ありません」と彼は言った。「私は常にそうしたマスコミの方々に対応しています。いつもここにカメラが入ってさまざまな取材を受けていますから」

「本気ですか？」僕は完全に衝撃を受けた。

「大丈夫、大丈夫、連れてきてください、まったく問題ないですよ」

　驚きだった。どうなるかを考えながら、うまくいかなかった時に備えて、この人物と話をつけておく必要があった。もし彼らが何か恥ずかしいところを撮影したらどうする？　幸運なことに僕は事務所にいたので、BBCの人たちに声が届かない場所で彼と話をすることができていた。

「あの、ご協力ありがとうございます、ただ、すみません、もし興味をもっていただけなかった時のために、隠語のような、我々だけにわかる単語か文のようなものを決めておきませんか？　そうすれば、BBCが私にとって恥ずかしい瞬間を撮影することもないので。それに、もしあなたが何も購入したくなかったとしても、体裁を保てます」

「もちろん、いいですよ。どうしましょうか？」

「では、ご興味がない場合には「スティーヴ、あなたのデザインを大変気に入りましたが、最新カタログは印刷済みで、もうすぐ出来上がります。次のカタログを準備するまで、待ちませんか？」といった感じのことを言ってください」

こうして僕らは方略を共有した。きちんとした会議をするのは初めてなのに、こんな状況になり申し訳なかった。だから制作チームのところに戻り、彼自身はカメラに向かって会議をするのは構わないけれど、彼の顧客と従業員に対しては、注意深く繊細な配慮が必要だと伝えた。彼らは同意した。

撮影の日が近づいてきた。振り返ると後悔する出来事がある。これは間違いなく、そのひとつだった。撮影の前夜、僕は若い従業員たちと自由に話し合うラウンド・テーブル集会をするために出かけた。いつものように何杯か呑んで、地元のカレー屋で解散した。翌日の早い時間にロンドンで重要な約束があったのに、これはおそらく、最もふさわしい行動ではなかった。

翌朝、サラがウェリングバラ駅まで送ってくれた。ラッシュアワーではいつも、車中他の人と一緒にずっと立っているけれど、今回は撮影なので特別なもてなしだ。ＢＢＣはセント・パンクラス駅へ行くために乗る電車を知らせ、指定席まで予約し、豪華な旅の移動費を支払ってくれた。

ちょうどその頃、僕は初めての携帯電話を買ったところで、サンプルを詰め込んだ大きなスーツケースを手にリュックサックを背負って、とても特別な気分だった！　ＢＢＣは僕がロンドンの路上でスーツケースを引っ張っているところを頻繁に撮影したので、持ち手と二つのキーキー音をたてる車輪のついたその旅行鞄は『トラブル・アット・ザ・トップ』の中で、ほぼ僕のトレードマークとなり、大きな音できしむ車輪は、ほぼ僕と同様に認識されるようになった。

ロンドンに向かう途中、撮影スタッフから電話がかかってきた。「準備はすべて整いました、あなたの到着をセント・パンクラス駅の奥の方で、お待ちしています」

そんなことは聞いていなかった。「どういうことですか？　すべて整っているって」

「あぁ、心配しないでください、ロンドンに到着されたところを、ちょっと撮影するだけですから」

「わかりました」と言いつつ、他に何を彼らが密かにやろうとしているのか、知りたくなった。急に何かを伝えてきたのはこれが初めてだったけれど、絶対に最後でもないはずだから！「僕に何をしてほしいんですか？」

「ただリラックスして、旅をお楽しみください。電車が到着する直前に、また電話しますので、その時に説明しますね」

リラックス？　もしもーし？　突然緊張しはじめ、昨夜のカレーがお腹の中で動き出し、落ち着かなくなってきた！

案の定、到着の一〇分前に携帯電話が再び鳴った。「ＯＫ、何をすればいいですか？」他の乗客たちが聞き耳を立てていることに、急に気づいた。

ミッシェルは非常にてきぱきと「電車から出ないで通勤客を先に行かせ、その後に電車から降りてホームを真っ直ぐ歩いてください。ホームの端に何が見えても気にせず、柵のところまで来たら右に曲がって切符売り場の方へ向かい、タクシー乗り場の方へ出てください」

汗ばむ手のひら、握っては緩める指先が緊張に加わった。電車が止まった。ちょうどラッシュアワーを過ぎた頃だ。人々は急に立ち上がり降りる準備を始める。押し合い必死にドアの方へ向かう乗客。僕は人の減りはじめた車内で携帯電話を手に、ひとりぼっちで座り運命が告げられるのを待っていた。

電話が鳴った「アクション！」

「了解」自然な振る舞いを心がけよう。

田舎から大都会にやってきた少年は迷った。僕はその時、セント・パンクラス駅のホームがどれほど長いかを知った。まだ大勢の人々が歩いていて、柵に近づくと中国人が「撮影の人たちがいる」「何が起きているんだろう？」「電車に誰か有名人がいるに違いない」とささやいているのが聞こえた。

「何てこった、行くぞ」その時、僕の中の社交性が優位になり、柵が近づくにつれ自慢げに肩で風を切るようになり、危険なほど自信過剰となり、実際の感情を隠そうと必死になった。汗が大量に噴き出してきたけれど、僕は言われたことをやり遂げた。撮影隊の前を通り過ぎ、タクシーがいる方へ向かって右に進んだ。

その後すぐに、プロデューサーのひとりが駆け寄ってきて「スティーヴ、本当によかった、素晴らしい、よくやった」と言った。その時に僕は、それが完全な失敗だったと悟った。彼らは礼儀正しい振る舞いで「ありえないくらい酷かった、やり直し」という意図を示した。

だから、もう一回やった。今や大勢の人、誰が撮影しているのかを見ようとしている野次馬たちが集まっている柵のところに戻った。みんなが指をさして見るので、僕はさらに緊張した。きっと「なんだよ、行こう行こう、有名人じゃない」そう言っているんだろう。

一分後、音声係のひとりが「スティーヴ、音声用の配線をします、マイクをつけます」と言った。ここで初めて、BBCは自分たちに羞恥心がないことを明らかにした！　突然、僕はホームの上で服を脱がされたのだ。彼らは僕のシャツをズボンから引っ張り出すと、誰かがシャツの背中に手を入れ、マイクが配線され、ネクタイの後ろにクリップで留められ、電池パックがベルトに固定された。

「完了です、スティーヴ、私が音声担当です。今からマイクが音を拾う状態になりますが、何かをしたり、どこかへ行ったりする必要があるときには言ってください、マイクを切りますので。ちなみに、この機材は非常に高価なので、気をつけてくださいね！」

その後、本当の本番が始まった。彼らは僕を連れてホームに戻り、再び電車に乗り込んだ。僕を席に座らせ、外側から中に、次に内側から外に向かってカメラを回した。階段を上り下りするところも撮影した。何度も何度も。そこからの三〇分間、僕はあの忌まわしい乗車と降車を繰り返した！

最終的に彼らは、電車の場面は充分によく撮れた、とした。だけどその部分は完成した番組には使われなかったので完全に時間の無駄だった。それはそうと、我々はタクシーの方へ行ったけれど、僕は「でも自分は、タクシーを使いません、いつも地下鉄です」と伝えた。

「あぁ、技術的な理由で地下鉄での撮影はできないので、タクシーで行くことになります。一台、終日予約してあるので。いいですか？」

衝撃を受け当惑した僕の表情に気づいたに違いない、「ご心配なく、タクシー代はBBC持ちですから」そりゃそうだ、かなりの金額になるだろうから！

「だけど、僕がしていることではありません」うっかり口走った。「ロンドンに営業で来るときは限られた予算内で、タクシーを使うことはないと、みんな知っています」

どこへでもタクシーで行く大人たちがいるのは承知している。でも僕は違う。それでも、それが彼らのしたいことなら、僕が大騒ぎする必要はないか！

ともかく、イーストエンドに向かった。少なくとも僕は、そう思っていた。すぐに自分たちが完全に逆方向へ進んでいることに気づいた。いつの間にか車はバッキンガム宮殿を通り過ぎ、ヴィクトリアを回って、ウェストミンスターに向かっていた。彼らは僕の怪訝な表情に気づいたのだろう。

「これは映像のためにやっています、視聴者に対して見栄えをさらによくしたいので」魅力を足すため、ロンドンの歴史的建造物の数々を見せびらかしたいのなら、僕は別に構わない。

ようやくイーストエンドに到着し、電話で話した人物、デイヴィッドに会いに行った。彼は感じがよくて、僕らは極めて有意義な時を過ごした。あまりにも普段の商談と変わらなかったので、しばらくするとカメラの存在を忘れていた。

「秘密の重要文」の登場を待っていたけれど、出てこない。そこで「どう思われますか？」と尋ねた。

「とってもいい——非常に気に入りました」心底驚いた。「でも、本当に欲しいのは、ヒョウ革素材の太ももまであるサイブーツと、ピンヒールのパンプスです」

僕の気持ちを想像してみて。もう大感激だった。カメラが回っている人生初の商談が勝利を収めて、それは演出なんかじゃない！　実在するお客さまが、僕のキンキーブーツを買いたがっているんだ。すごいぞ！

この後、もういくつかの商談をイーストエンドで行ない、予想していたとおり、昼食にしましょうと言われた。レストランへ行き、そこでどうしても、さらなる撮影をしたいという。彼らは商談がどのように進んだのか、僕の考えと反応を知りたがった。

こんなにきつい一日を経て、ひどく疲れていた。昨夜の飲み会でのビールとカレーが追い打ちをかけてくる。アドレナリンが消えてゆき、彼らから離れて静かに五分、過ごしたくなった。そこで技術的な詳細の話し合いになったところで、テーブルをこっそり離れ、当然の休憩をとり、考えをまとめるため、トイレへ行くことにした！

生理現象が優位になっている！　カレーでお腹がちょっと痛くなっていた。刺激とストレスが僕に近づいてくる。確信した、やっぱり、トイレに、本当に、今すぐ、行かないと、まずい。

それはそうと、ズボンを下ろして座った時、僕は突然、電池パックのことを思い出した。八〇〇ポンド相当のハイテクBBC機器！　音声さんの言葉が耳に残っていた「なくさないで、落とさないで、気をつけて」

さぁ、想像してくれ。ズボンを下ろした状態の僕——「マイクはどこ？」幸いなことにセーフだ、ネクタイに留められている。電池パックを手探りでさがす。急いでいて強くぶつけたんだろう、がばっとベルトから外れぶっ飛んでいた。「うわっ、ヤバっ！」僕は耳をつんざくような大声を上げていたに違いない。よし、便器から一インチのところで確保。便器から電池パックをつり上げ消毒しなければならない光景が脳内に溢れた。またちゃんと使えるかな？　弁償しないとダメ？　僕クビになるかも？　こんな時はあなたでも、こんな類いの問いが頭の中を駆け巡るでしょ。とにかく、ありがたいことに無事だった。

僕はすべきことを済ませ、身なりを整え、誰も僕が席を外したことに気づいていないことを願いながら、きまり悪そうにテーブルに戻った。再び音声担当の真横に腰掛けた。

彼は僕の方に身体を寄せ、ささやいた。「昨日は楽しい夜を過ごされたようですねぇ。トイレに行くなら言ってください、マイクを切りますので。そうお伝えしたのを覚えてないですか、全部テープに録音されています」

「嘘でしょ？」恥ずかしい、顔から火が出るほど。彼はウィンクすると「マイクと電池パックが無事で、汚染除去のために突入しないで済んで、何よりです！」と笑った。

これが僕の撮影一日目。撮影は成功して彼らは喜び、僕は嬉しかった。キンキーブーツの物語が始まった。次の段階は、アールズ・バートンに戻って行なう撮影の手配だ。彼らはさまざまな製造過程を撮りたがった。担当者を入れ、職人と話し、大まかに番組の残りの計画を立てるよう依頼してきた。

「いつ？」僕は尋ねた。

「いつみなさんを集められますか？　伺った際には、終日撮影ができるようにしなければなりません。成り行きの撮影[*2]で、ディレクター、プロデューサー、アシスタントプロデューサー、照明、音声、ブームマイクの担当者などを、はるばるアールズ・バートンまで連れていくことはできません。撮影は計画されていなければ」

そこで今度は主役の僕だけでなく、みんなの予定を調整して終日にわたる撮影の内容をまとめることになった。日付が決められ、すべてを手配した。

そこにいるべき人は全員揃っていて、問題が起きるはずはなかった。ブーツと靴が作られてゆくさまざまな過程をすべて再現した。担当者に、どうやって革を選んだのか話してもらった。僕らはフィッティングやデザインに関して説明し、ヒールと土踏まず部分の中敷きを強化することで、メンズブーツの全パーツが大柄な男性の体重を支える充分な強度になるなど、重要なことを強調した。

要するに、彼らは試作ブーツの製造工程を最初から最後まで追ったのだ。従業員はうまくやった！　撮影は従業員にとって連続した生産の流れを止め、混乱させるため、できればやりたくないことだと僕は自覚していた。

試作品は非常に時間がかかり、従業員と工場には大きな負担を強いる。たった一足のために貴重な時間を無駄にして機械の設定を変更しなければならないからだ。ＢＢＣの邪魔も入るので、さらに時間を要した。

最も難しい工程のひとつは「ラスティング」と呼ばれる作業だ。常に技術が試される。もし何か問題が起こるとしたら、この段階だろう。この工程には素材を注意深く引っ張りながら伸ばしたり、熱を加えた接着剤を使ったりすることが含まれる。大きな問題が起こりがちなのは、この時だ。

この重要な日、不幸なことに問題は起きてしまった。

試作品が、すべての工程を経て最終的に靴の検査室へと届いた。誰かが、アッパーの上に熱した接着剤が誤ってポタポタと落ちてしまっていることに気づいた。その靴はベルベットのようなヒョウ柄の合成素材で作られている。接着剤がついてしまったのだ。繊維を引き裂いてしまうので、引っ張って取り除くことはできない。最悪だ！　最初から最後まで、すべてを作り直す以外に解決方法はない。

このことを僕は何も知らなかった。事務所にいて会社の歴史に関する短い部分の撮影をしていた。途中、ドアをノックする音がした。ちょっとイラッとした。邪魔をしないようにと厳重な指示を出していたからだ。

メインプロデューサーが、撮影を継続している間は話しつづけるよう合図を出した。この時、僕は少し当惑した。なぜ撮影を続けたがるのか、わからなかった。

「どうぞ」僕は告げた。腕いっぱいに試作品を抱えたマネージャーのひとり、トニーが入ってきた。

「スティーヴ、これを見てもらえたらと思って――問題が起きた。試作品が台無しだ」

その時、ピンときた。僕は激怒した、「撮影を止めてくれ、中止だ」傲慢な芸能人気取りモードに入った！

何も知らせず、より劇的な状況を加えるため、彼らはなんとトニーに「カメラに向かっている」僕のインタビューを中断しにくるようあらかじめ頼んでいた。そうすれば反応を見られるから。こんな安っぽく卑劣なやり方を試してくるなんて、信じられなかった。完全に憤慨した。

彼らが行なった事は、故意に安っぽい反応を計画した陰謀に他ならなかった。これは僕への最初の契約違反で、この時、自分は利用され、彼らが何をやりかねないのか嫌というほどわかった。この早い段階で仕掛けてきたのなら、この先、自分だけでなく従業員やお客さま、あらゆる人に対して何をするつもりだろう？

「いい、もうおしまいだ。二度と私にこういうことをしないでくれ、もとの関係に戻ることができない状況にしたのはそっちだ、私は何もしていない」僕は激怒していた。

するとアシスタントプロデューサーのミッシェル・カーランドが言った。「本当にすみません、プロデューサーがどうしてもこれをやりたいと。こんなことをするべきではなかったと思っています。この件を任せてもらえませんか？」

「構いません、でもこれ以上、あの人とは仕事をしませんから」僕は腹を立て、本気で言った。「彼女は完全に、彼女とこの番組に対する私の信頼を失墜させました」

状況が落ち着いた後、プロデューサーは戦略的に、予定よりも早く現場を離れロンドンに戻っていった。ミッシェルの誠意ある謝罪を受け入れて許し、同じ過ちを繰り返さないという言葉を担保に、僕は彼らに二度目のチャンスを与え、番組を続けることに同意した。

その瞬間から、ミッシェルが番組プロデューサーを引き継いだ。結局、彼女と僕の間に当然の成り行きで生まれた絆が、このプロジェクトを実現させたといえる。彼女は理解ある素晴らしい女性だった。僕らが取り組んでいることや、やろうとしていることに共感してくれた。単なる世間を騒がせるリアリティー番組ではなく、真剣なものを作ろうとしていたので、僕は彼女を信頼できると感じた。

ミッシェルはトニーが失敗した試作品を僕に見せているところを、それが実際の製造過程で起きた出来事なので撮影する必要が明らかにある、と言った。

「あなたの反応と失望を撮りたいんです。おそらく、あなた方は試作品をこれから、またゼロから作り直さないといけないので」

「了解、しなきゃならないのなら」僕は、まだちょっと腹を立てていた。

ミッシェルはそれを察知したようで、僕をなだめようとした。「人生最高の演技をしてみるのはどうでしょう?」

今度は何だ。

「新しく作られた試作品を撮影するために、我々が戻ってくることは難しいでしょう。それなので……」

「それなので……? 何がしたいんでしょうか?」

「シャツとネクタイを替えていただき、その後から我々は数日後というふりをします」

逃げられなかった! 素早く着替え、僕らは熱演した! 失敗作の試作品を抱えたトニー、僕は手と指で意図的にダメージを覆った。これが新しく作り直して完成した試作品ではなく、接着剤のついた失敗作だなんて、誰にもわからないだろう!

完成した映像で僕はトニーにこう言っている。「一回目に細心の注意を払っていれば、我々は多くの問題を回避して、その試作品もこれと同じくらいよくなっていただろうな」これが、テレビで見たものを鵜呑みにしてはいけない、もうひとつの理由。見たものすべてが、そのとおりではないから。

試作品は期日どおりに発送され、翌日、デイヴィッドから電話がかかってきた。彼は、ロンドンで撮影しながら初のキンキーブーツと靴の商談をした人物だ。デイヴィッドは大喜びしていた。僕らのキンキーブーツと靴を最高にファンタスティックだと思い、新しいカタログで使うことにしたらしい。それだけでなく、ブーツは彼の売っているヒョウ柄のビキニともぴったり合った。デイヴィッドは、僕らのブーツと靴を新しいカタログの表紙に登場させることにしたのだ。

夢みたいだった――初の試作品販売は成功した。早くも表紙に採用され、**そして**デイヴィッドは初の発注準備をしていた!

キンキーブーツは元気に動き回っている、ダジャレでごめん![*3]!

「セクシーな靴を作る能力は、ダイエット中に菓子屋で想像力を解き放つようなもの!!」

スティーヴ・ペイトマン

7 ブーツを履いたボス！

デザイナーのジェニーと僕は明確な未来像をもつため、自由に意見を出し合う場を設けた。何としても、素晴らしいカタログが必要だった。インターネットもあったけれど、今ほど一般的に広く使われてはいなかった。当時、僕たちは印刷物に頼っていた。つまり、宣伝のためのダイレクトメールや新聞、魅力的なカタログに支えられていたのだ。

「魅惑的なスナップショット、写真が何枚か必要ね」ジェニーの言うとおり、まずはそこからだ。試作品のブーツはあるけれど、それがどんなものなのか、知っているのは僕らだけ。「全体を見せるグラマラスな写真。それが欠かせないわ」

彼女が付け加えた。

「そうだね」と僕。今、手に入れられるすべての助けを、間違いなく必要としていた。「写真撮影はどうやってやればいいのかな?」「そうね、最初に腕のいいカメラマンを見つけて、スタジオを借りて、何人かモデルを雇って、履く物を選んで、いくつか「小道具」を用意すれば、できるわ」

簡単そうに聞こえるけれど、またしても予算は限られている。プロらしく見えて低予算なカタログ。妻のサラはウェリングバラ・テクニカルカレッジの写真コースを受講したことがあって、何人かと繋がっていた。実際、すでに退職していたが、彼女の先生は結婚式のカメラマンだった。その人なら腕は確かなはずで、少額で引き受けてくれるかもしれない。僕は電話をかけた。

「お忙しいところすみません、妻のサラから電話番号を教えてもらいました。妻のことを覚えていらっしゃるかもしれません。彼女は先生の夜間コースで、写真の基礎を教わりました。今、新しいカタログ用に、私どもの履物を身につけたモデルを撮影してくださる方を探しています。こういったことに、興味はございますか？」

「あぁ、もちろん、私は結婚式などたくさんやってきました。気難しい花嫁や興奮した小さな花嫁付添人に慣れていますから、モデルなら楽なものでしょう」

「あの、お伝えしなければならないんですが、これは結婚式の撮影のようなこととはちょっと違うんです。ＰＶＣ素材の服を着て、ハイヒールの靴やブーツを履き、奇妙な手錠と鞭のセットを手にした、露出度の高いモデルたちと関わるんです。それでも、ご興味ありますか？」

受話器の向こうからとても深い息づかいと長いため息が聞こえ、それに続いて即座に、やる気みなぎる「もちろん、私でよければ！」という声が聞こえてきた。

「謝礼については、どうでしょう？」僕は、まだ予算を気にしていた。

「あぁ、それに関しては、あまり心配する必要はないと思いますよ。私は退職しているので、経費を賄えてビール何杯分か手元に残るのであれば、任せてください。楽しい新しい挑戦になりそうですし」

「本当にありがとうございます、日付と場所を改めて連絡させていただきます」

さて、これは解決したが、すでに僕には、『キャリー・オン』[*1]に出てくるような、牧師と顔を赤らめた新婦に慣れている退職したウェディング写真家の姿が目に浮かんでいた！　どのみち、教会の鐘の音や紙吹雪から、革の服、鞭やキンキーブーツまではほど遠い。

スタジオを借りるのは高額そうなので、あちこちに電話をかけることが、次のやることリストにあった。

「ここ、工場で撮影すればいいんじゃない？　完璧な環境よ」ジェニーが提案した。「肌もあらわな女性が、大型機械にもたれかかるなんて、何だか、ずいぶんセクシー」

「ちょっと待ってよ」と僕。「一歩ずつ進めよう。セクシーなピンナップカレンダーを作っているわけじゃないんだから！」

実際のところ、ジェニーは正しかった。それは明らかだった。ちょっと入念に計画してみれば、役員室は控え室として使えるし、その隣は在庫でいっぱいの大きな部屋だ。簡単に片づけられるし、スタジオにできる。だから、チェックリストからもう一項目が外れた。しかし僕らは依然としてモデルが必要だった。

ベヴはどうだろう、彼女は初めての試作品作りで大きな力になってくれた。喜んで撮影を引き受けてくれるかどうか、聞くことに価値はあったけれど、半ば予想どおり丁重に断られた。

「工場の中でするのは構わないけれど、セクシーな格好をして世界中のカタログに登場するのは、ちょっと無理です」

「賢い子だ」と僕は思った。

この手のパンフレットやカタログに目を通しながら調べていると、すべての競合他社は、ブーツや靴よりも服やアクセサリーを多く販売しているようだった。我が社がセクシーな履物を手がけるなら、自分たち独自の服とアクセサリーのコレクションを作り、すべて揃えて提供できるのではないかと僕は思った。

顧客が服に合った靴を目にすれば、全部まとめて買う可能性はより高くなる。ビジネスとしてうまく成立するし、どっちみち僕はすでに、たくさんのＰＶＣ素材の服や革製の下着、鞭などを調達しはじめていた。

ノッティンガムにある革製衣類の取引を希望している業者が送ってきたカタログを思い出した。背が高く美しく官能的な黒髪のモデルが採用されている――彼女が僕らの新しいブランドの顔になってくれないかな。この業者に電話する価値はある。

「スティーヴ、Ｗ・Ｊ・ブルックス社とセックス産業が同じ文中に出てくるなんて、通常ありえないですよ」彼は声をたてて笑った。僕は陳腐な意見にも慣れないといけない。「でも、あなたが言っている女性はわかります。信じられないかもしれませんが、彼女は看護師になるための実習中で、まだ興味があるかどうか。ちょっと待って、話しながら電話番号を探しているので」

彼女はジェーンという名前で、僕が電話した時、これ以上ないほど幸運なことに、家にいた。

「是非やりたいです。お友達価格――滞在費と交通費でできます、どうですか？　ちなみに私ヒールが大好きで、高ければ高いほどいいの。何足か家に持って帰れるということであれば」彼女は笑い声を上げ「参加します」「交渉成立、お会いできる日を楽しみにしています。詳細はまた連絡しますね」

すべてがまとまりつつあった。ジェーンは服と靴のサイズを教えてくれたけれど、ブーツと靴を試着してみたいと言う。試作品を送ってあげようかな?と思い、そうした。そうしたら、えらいことが起きた! ジェーンから電話がかかってきた。

「とっても素敵なんだけど、バカデカイ! 両足が一足に入っちゃう——パパの釣り用ウェーダーを履いているみたいに見えるの。正直言って、これを履いて撮影はイヤ、ありえない見た目だから」

問題は僕たちが試作品を、できるだけ多くの人が履けるように、自分たちが考える平均的な体格の女性の脚に合わせて作っていたことだ。モデルの脚は平均よりかなり細いことがあるので不具合が起きる。

他に選択肢はない。ジェーンに似合うようにするには、彼女の脚の寸法ですべて作り直すしかない。そしてそれは、僕らを二週間程度、後戻りさせた。

その間に撮影の計画をどんどん進めた。役員室は着替え用の控え室に変更され、その隣の在庫置き場はスタジオになった。なかなか良さそうな配置だ。

僕は輝かしい功績をもつ、顎ひげを生やしたヴィクトリア時代の祖先たちに思いを巡らせた。彼らは役員室の写真ギャラリーから見下ろしている。魅惑的なモデルを見たら、床に崩れ落ちしてしまうかもしれない! だから「そうだ! スリルを味わってもらおう!」と思った。

ゴージャスなジェーンについて考え、そのことにあまりにも夢中になっていた僕は、男性向け製品のことをほぼ忘れていた。誰が異性装者とドラァグ・クイーン用ブーツのモデルをやるんだ? そもそも、それこそが、このすべてを行なう理由だ。男性用サイズがあり、どんな見た目なのかをカタログで示すことは、何より重要だった。

もはや遅すぎか? 地元で誰か見つけられるかな? いや、ありえない、友達でいたいなら! その時、デザイナーのジェニーが突然、声を上げた。

「すべての生産前見本は、サイズ一一で作られていると思うんですが、正しいでしょうか？」

「はい」僕は、慎重に答えた。

「そして、あなたがサイズ一一である可能性は、ほーんのわずかでもあるのでしょうか？」

「君がとーってもよくご存じのように、あります」

「それなら？」彼女は満面の笑みを浮かべながら、僕の頭から足先まで視線を移動させた。

「それなら？」無邪気に反応する僕。次にくることは確実にわかった。

「それなら、ミスター・サイズ・イレブン、撮影モデルにあなたがなれる」

ジェニーは、ひとりでクスクス笑いながら立っていた。「ダーリン、あなたなら絶対にうまくやれる！」

「本当？　そうは思えないけど！」

「もちろん、できます。あなたがやらなきゃ。とにかく誰か他の人のために、もう一度作るには遅すぎるんですよ。ブーツはあって、あなたはサイズ一一、あなたにはその脚があって、あなたがボス。腰から下だけですから、覚えておいてくださいね」

つまり、バートは最初からずっと正しかった――耳に残る彼の言葉「これは、おまえのイカレタ提案だ、自分でやれ」

僕は深呼吸した、イギリス海峡を泳いで渡れるくらい深く吸い込んだ――その時、この離れ業は、かなり、より一層、魅力的に思えてきた。「一か八かの大勝負」僕はみんなに言いつづけてきた。今こそ、もっと高い目標に向かって自分が踏み出す時だ。

「はいどうぞ、ボス、今夜の宿題です」ジェニーは男性サイズのキンキーブーツを指さし「鏡の前に立って、ふさわしいポーズをとって、そして明日、私に練習の成果を見せてください。さぁ、あなたがモデルです！」笑い転げながら出ていった。

「楽しんでいるんじゃないの？」僕は叫んだ。

「もちろん！　ちょっとだけ、「お返し」ってやつですかねぇ。楽しんでくださ～い!!」彼女の笑い声が廊下に響き渡った。

家に帰り、サラに手伝ってもらいながらブーツを履いた。彼女は息子のダンが最初の一歩を踏み出した時指を掴んだように手を取った。ただ今回は、四・五インチのヒールを履いた僕だった。彼女はアドバイスをしはじめた。

「がんばって。体幹に力を入れて。お尻をギュッと引き締めて。真っ直ぐ立って、肩は後ろ。あっ、それから、セクシーに見えるようにしてみて！」

調子に乗った瞬間、僕はサラの力強い支えから離れ、ヨロヨロと歩き過ぎ、ばったりうつ伏せに倒れた。実際これは二、三回起きて、面白いことに、後に映画とミュージカルの名場面のひとつになった。ミラノでの「ファッションショー」のシーン、チャーリー・プライスと名を変えた僕は、何百人ものトップファッションバイヤーを前に、モデルの歩く細長いステージ上でうつ伏せに倒れて、笑いものになる。お決まりの演出！

最終的に、床で鼻をぺしゃんこにすることなく何歩か歩けるようになった。再び歩き方を学ぶという状況だ。いつもの「かかとから下ろす」がハイヒールでは通用しない、足首をひねりたくなければ！　ポジショニングが極めて重要で、拇趾球とかかとを同時に下ろさなければならない。ふくらはぎと太ももを強く引き締めて、尻をぐっと引き込むことが不可欠だった。

パンプスを履いた時には、サラがまた笑い転げた。絶対に解決されなければならない、あることに気づいたのだ。ラグビーをしている僕の、毛深い脚！

「その脚でパンプスのモデルはありえないわ。自尊心をもつ異性装者なら、毛むくじゃらの脚なんて死んでも嫌よ。剃らなければなりません」

「それは、無理！」はねつけるように叫ぶ僕。「どうにかできないか、ちょっとジェニーと話してみようかな」

サラは正しかった、僕みたいな脚で靴のモデルができるわけはなかった！　毛は取り除かれなければならない――ジェニーも同意した。女性たちはすでに話していた！

たまたま電話でミッシェルと次の撮影について話している時、僕は冗談っぽく、ブーツと靴のモデルをするため脚を剃らなきゃいけなくなった、とうっかり漏らしてしまった。

「素晴らしいですねぇ！」彼女の笑いは止まらない「それは撮影しないと。見出しが目に浮かびます。「すね毛を剃ったボス、会社を救うためキンキーブーツのモデルに！」なんてプライスレス！」

「絶対にダメだ！　私は大抵のことはやります、だけど威厳は保っておかないと。なにしろ八〇名の会社のボスですから。男にはプライベートでやらなきゃならないことが、いくつかあるんです」

しかし彼女は賄賂を贈ろうとしてきた。

「ちょっと待って、スティーヴ」少し考えると「ロンドンのホテルにお泊まりいただき、ショーにお連れして、五つ星のお食事をしていただく、あなたはカメラに向かって脚の毛を剃るだけで、いいんですよ」

誘惑に駆られながらも、それじゃやりすぎだろ、とわかっていた。もしそれをするなら、僕の家の浴槽、ＢＩＣの使い捨てカミソリのパック、鍵のかかった風呂場のドアと僕でなければ。

時はきた。不安な領域への新たな一歩だ。サラがそれをどうやっているか見たことはある。とても簡単なこと、何も複雑じゃない。僕は毎日、顔を剃ることに慣れているし、大したことじゃない。

二階へ上がり、風呂に湯を張り、サラの最高級バブルバスを容器の半分ほど湯気の立つ湯に注いだ。エキゾチックなアロマ、香りの波が空間を満たし、一インチほどの深さの白い泡の層が波の打ち寄せるトロピカルビーチを思い出させた。頭の中に浮かんだのは、魅惑的な女性がつま先を蛇口に置き、陽に焼けた黄金色のツルっとした脚を剃っているテレビ広告だった！　でも今、それは僕の番だ。

泡の中へゆっくりと体を沈めると、最後に風呂に入った時のことが頭を横切った。土曜日のラグビーの試合後だ。ビールとゲップの共同浴場から、柔らかく香るせっけん泡の自宅の風呂場へ。二つの世界は、どうしてこんなにも違うのだろう？　僕はまさに、ある世界から別の世界へ渡ろうとしている!!

それはもうこれ以上、先延ばしにできない旅だった。袋から最初のカミソリを取った——脚はせっけんの泡で覆われ、蛇口に置かれている。今、やるしかない。手は外科医が最初の切開をするような構えになっていた。長いカーブを描く動きでカミソリを脚になでつけた。しかし、たった一インチ剃っただけで毛がカミソリに詰まり、血のしずくが白いせっけんの泡に混じった。

別のカミソリを掴むと作業を繰り返した、それは簡単だった。四五分後、灰から蘇った不死鳥のように、僕は湯の冷めた風呂の底から立ち上がった。浴槽は、もはや別の物語を語っていた。白い泡は、まるで誰かが熊の毛を剃ったみたいに、茶色でもじゃもじゃした毛の絨毯に置き換えられていた。浴槽の縁には飛び散った血と、切れ味の悪いカミソリが散乱していた。これが、女性が美しい脚を獲得するために支払わなければならない代償なのか？

脚の残骸を見下ろした。見た目も寒さを感じた——すごいけど寒い、非常に寒い、そして**白い**！　衣をつける前の鱈の切り身みたいに白い。シロクマの脇の下みたいに白い。ＫＦＣのバーレルのために、カーネル・サンダースに羽をむしり取られた白いひな鳥みたいに白い！　僕の脚は白かった！

そこで次の素晴らしいアイデアを思いついた。風呂場の戸棚には、もうひとつ禁断の果実があった。肌を小麦色にするフェイクタンだ。春が近づいた頃、脚を軽く日焼けしているように見せるためサラが使っていたことを思い出し、僕はそれを手に取ると深く考えることなく、手のひらに出して脚と太ももに何度も繰り返し、両足が完全に覆われるまで塗りつけた。

見下ろす。変化なし。僕の脚は相変わらず白いままだ。二度塗りが必要に違いない。僕は悪臭を放つこのローションをさらに塗った。でも今回は確実に効果が出るように、たっぷりと。

それでも何も変わらなかった。よくいる男みたいに使用方法をまだ読んでいなかった。何か見逃したか？あった。「あなたの日焼けは、四五分以降に進みはじめます」マジかっ！

足首に塗る時に前かがみになったので、ローションは——あなたが僕の意図を汲んでくれるならば——絶対に陽に当たらない箇所をも含むすべての場所に広がっていた！　そして、奇妙なひりひりする感じがつま先から、足首、ふくらはぎ、太ももへと上がってゆき、ますます焼けるような感覚が、とりわけ急所のあたりで現れはじめた。

鏡をひと目見ただけで、僕の脚がだんだん黒くなってゆくのがわかる——今ではすでに深いマホガニー色で、まるでヴィクトリア朝のグランドピアノにぴったりな色のように見えた！

　これ以上、黒くなるのを放置するわけにはいかない。パニック！　僕は急いで風呂を空にし、浴槽の周りの毛をできるだけかき集め、もう一度、湯をため、ヘチマを掴むと残っているタンニングローションをごしごしこすって洗い落とそうとした。僕の脚を、今や漆黒のコクタンになりつつある状態から、テレビ広告の陽に焼けた黄金色のツルっとした脚に変えようと、こすった。

　ありがたいことに、ひりひりする感じは治まり、ある種の正常な状態に戻りはじめた。ちょうどその時、下からサラが大きな声で呼びかけているのが聞こえた。

「忘れないで〜、もし脚を剃っているなら、その後にタンニングローションを少しだけ塗ったほうがいいかもしれない。でも気をつけてね、それすごく強力だから、お願いだから、ちゃんと説明書を読んでね〜」

　まるで僕が、そうしないかのように……!!!


「男が脚の毛を剃ると、目の前にはまったく新しい可能性の世界が開ける。初めてハイヒールを履いて、また歩き方を学ばなければならないように」

スティーヴ・ペイトマン

8 写真撮影

翌日、ツルッと小麦色になった僕の脚がどんなものか見ようと、ジェニーは自分のために、ちょっとしたファッションショーをするよう求めた。彼女はとても楽しそうに「かなりいいわね——これなら合格」と言った。

その後、僕らの使命は撮影の手はずを整えること。役員室からすべてのテーブルと椅子を運び出し、大きな更衣室を作った。僕はジェーンに実際に会ったことはなかったので、彼女が必要なものをすべてしっかりと揃えたかった。

鏡はサラの化粧台から拝借し、ボトルに入った数本の水とヘアドライヤー、いるかもしれないさまざまなものを用意した。役員室はいつも掃除が行き届いていたけれど、まだきれいにできそうだったので、長いアタッチメントをつけた掃除機で、急いでざっと壁下の幅木や天井の隅々を掃除した。

ジェニーと僕はほぼ二週間かけて、写真撮影用に細かい一覧表と段取り、それからジェーンが何を着るのか詳細な覚え書きを作った。カタログ用には何百枚もの写真が必要で、たくさんの小道具、服と靴の着替えがある。すべての服とブーツに番号をつけて整理し、どの服が、どの履物とどのアクセサリーに合うのかわかるようにした。それは、とてつもない作業だったけれど良い結果に繋がり、後に僕たちとの撮影にやってきたプロのモデルたちは整理されたシステムに驚愕していた。

すべてが順調に進んでいるようだった。撮影会は一時的な中断や問題が起こることなく進行させなければならない。僕らが一番避けたかったことは、ＢＢＣに素人集団だと思われることだったから。

覚えておいて、これはすべて一九九〇年代に起きたこと。もし今これをするなら、パソコンとスプレッドシートがあるけれど、その頃の僕たちにはペンと便箋と検索のためのインデックス一覧と、たくさんの付箋しかなかった！

撮影当日がやってきた。工場に他に誰もいない静かな土曜日だった。僕は駅までジェーンを迎えに行った。

「ようこそ、キンキーブーツ工場、W・J・ブルックス社へ」彼女の荷物を運ぶのを手伝いながら言った。「そして、アールズ・バートンへ、ようこそ」

「ありがとうございます、来ることができて嬉しい」ジェーンが微笑んだ。

「さぁ、中に入りましょう、ご案内します」

工場や機械を軽く眺めながら進み、その後、控え室へお連れした。フロアスタンドと鏡の置かれた化粧台はとてもいい感じで、彼女はそこで支度できる。ジェーンのために行なったことを僕は誇りに思った。

「うわぁ、スティーヴ、すべて揃えてくださってすごいです」よかった、良いスタートだ。

「何か他に必要なものがあれば言ってくださいね、気にせずに」

「ありがとうございます」

ブーツと靴、服と小道具、すべてがきちんと並べられているのを見せた。そして「スタジオ」へと入った。プロのスタジオで使われているような、巨大な白い紙の巻かれたロールを手に入れることができた。それを三脚に吊して床に垂らしたので床と壁の境目が見えなくなり、見栄えがよくなった。

「良いカメラマンを見つけたんだ、もうすぐやってきますよ」彼がこの仕事を全うしてくれることを期待しながら、ポケットの中で人差し指と中指を絡ませた。「彼はおそらく、君が慣れている、いわゆるファッション系の写真家ではないんだ。結婚式の撮影を主にしている。ポートレートとか、ね？」

「大丈夫です、いろんな方と仕事してきているので。写真家は写真家、何とかうまくやれると思います。私はすべてに完璧を求めるモデルじゃないし、楽しむためにやっているだけですから」

安堵のため息が出た「僕らはきっとうまくやれるね」あぁ、ほっとした！

すべての準備が整っていることを確認するため、ざっと見てまわる。ＢＢＣは撮影の半ば過ぎにやってくる予定なので、現れる前に大部分の撮影を終わらせたかった。

カメラマンのハロルドが、カメラと照明機材を携えて到着、セッティングを始めた。僕はおそらく六〇代半ばくらいの人と予想していたけれど、それは完全な誤りだった。彼は六〇代後半か七〇代前半で、非常に有能で機敏ではあるけれど、典型的な流行の「パチッ、パチッ、パチッ」と撮るファッション・カメラマンではなかった！

ジェーンが露出度の高い服にハイヒールで突然現れたら、どんな反応をするだろう！　一番見たくないのは、心臓発作で床にひっくり返り、救急車が到着し、彼が意識を取り戻すと、革のビキニで肌もあらわな女性がじっと見ているといったことだ。死んで天国に行ったと思うかもしれない！

撮影機材を整えるハロルドを残して僕が役員室へ入ると、ジェーンは化粧品とブラシ類をテーブルの上に並べて、くつろいでいた。

「最初の撮影用の衣装を見せてもいいですか？　すべて準備はできています。これが全体的な服と履物の順番表で、いつ何を身につければいいのか、わかるようになっています」

「わぁ、普段こんなふうにされたことないので、すごいですね、ありがとうございます」

「支度できたら、僕がハロルドのところへ確認しに行って、それから始めましょう」

僕は役員室と仮設スタジオを繋ぐ廊下で立ち止まった。心配で緊張して、完全に神経が昂っていた。これが起きていること自体、本当に信じられない、そして今、その真っ最中だ。ありえないほど刺激的で恐ろしく、非現実的で衝撃的な何か。一瞬、まるで僕は外側にいて、中をのぞいているような気分になった。

「大丈夫？」クリップボードを手にしたジェニーがどこからともなく現れ、ちょっといぶかしげに僕を見ていた。

「現実に起きているんだよね、ジェニー」

「そうよ。やばいわよね？　ジェーンはどうしてる？」

「ほぼ準備完了、僕がカメラマンに確認したら、どんどん進めよう」

ハロルドは準備万端で待機していた。だから役員室に戻った。ドアをやさしくノック。僕は物事を正しく行ないたかった。「入ってもいいですか？」ノックもせず部屋に入って彼女に恥ずかしい思いをさせたくなかった。

「はい、どうぞ。すべて順調です、問題ありません!!」

ドアを開け役員室に入っていくと、完全に正真正銘の真っ裸で目の前に立っている、ひとりのゴージャスでグラマラスな女性を目の当たりにした。

ジェーン以外のどこかを見ようとする自分がいた。役員室は隅々まで掃除がゆき届いてきれいだったけれど、クリップとか、わずかな埃とか、天井の蜘蛛の巣とか、ジェーン以外の何かが見えることを願いながら床を見渡していた。目に入ったのは、僕を見下ろすオーク材の額縁に入った父、祖父、厳格そうな曾祖父だけだった。もし今、これが起きたら、僕はハリー・ポッターの「ホグワーツ」の物語に出てくる肖像画を思い出すだろう。ひょっとしたら彼らが両手で目を押さえ、まったく信じられないといった様子で額縁から飛び出してくるんじゃないか、と予想。幽霊のような声が叫ぶんだ「スティーヴ、スティーヴ、何をしている？　役員室に裸の女が？」

現実に戻ろう。恥ずかしさの真っ赤な熱がまた僕を襲い、ジェーンはくすくす笑っていた。

「初めてなんですよね？　あなたは「撮影ヴァージン」私、あなたと楽しむわ！」ジェーンは僕の顔が赤から緋色に変わるのを笑いながら、他人をからかうほどくつろいでいた。僕は煮えたぎる熱湯につけた温度計みたいに、破裂寸前だ。

「りょ……かい」声はひび割れて、ほとんど咳のようだった。彼女はただ微笑んで服を着はじめた。

それで、おしまい。緊張はほぐれていた。どのみち、僕らは彼女とカメラマンに、その日のギャラを支払っている。彼女にとってこれは単なる撮影のひとつで、すべてに慣れている。僕もプロフェッショナルとして仕事を進めなければ。

ジェーンが最初の撮影で使うブラが、床の、僕の横にあった。僕はかがんで、それを親指と人差し指でつまみ上げ、たった今、大型バッグの底で見つけた臭いラグビーソックスを渡すように、頭を自分の胸の方に深く引き寄せ、見ないようにしながら差し出した。

「これが必要だと思うけど」

「ありがとうございます」ジェーンは振り返るとブラを胸に当て「じゃ、ここにいる間、着るのを手伝ってもらってもいいですか？」

僕は咳払いをして、「もちろん」彼女はカップを胸に押しつけた。「しっかりと、きつく引っ張ってくださいスティーヴ、谷間をいい感じにしなきゃいけないんです」

そして振り向き、僕に顔を向けた。「さて、どうでしょう？」

「美しい、はい、両胸は……素敵です」

「ビキニのことよ、スティーヴ！」僕の顔は、これ以上赤くなるだろうか？「あなたを、一人前のプロにしなくちゃね！」

ジェーンがニコッと微笑んだ。

彼女の目には邪悪な輝きがある。まったく無害だけどパワフルな！　かなり僕の感情をもてあそんでいたけれど、ジェーンの茶目っ気に気づきはじめて、そこがとても気に入った！

彼女がきちんと服を着たので、ちょっとほっとした。数分で完全に、気楽に彼女といられるようになったのは不思議だった。ジェーンは明らかに恥ずかしがっていないのに、なぜ僕が恥ずかしがる必要が？

こうして、情けなく内気で心配性な赤面したくない男は三〇分で、タイトなトップスの着替えを手伝ったり、彼女の体の一部を押し込んだり持ち上げたり、吊り紐を引き上げたり、太ももまであるサイブーツのチャックを閉めたりしていた。ジェーンは、とにかく素晴らしかった。すべきことをわかっていた――彼女は自ら指揮をとり、すべてが円滑に進んだことを心から喜び感動していた。

だけど、彼女が初めてスタジオに入った時、僕らは笑わずにはいられなかった。その姿をひと目見るとカメラマンのハロルドが、三脚の方に仰向けに倒れそうになったから。彼は間違いなく、その姿に圧倒されていた。

「まぁ、そうですねぇ、こういった撮影は未経験ですが、おそらく花嫁さんと変わらないでしょう！」彼は映画『キャリー・オン』から出てきたシド・ジェームズのようなイヤラシい目つきで笑みを浮かべ、つぶやいた。

僕と同じ火照りが彼の顔中に広がるのが見えた。指は首の周りに籠もった熱を逃がすかのように、シャツの襟の内側をぐるぐる回っていた。やがて落ち着きを取り戻すと平常運転を再開。よかった、恥ずかしがっていたのは僕だけじゃなかった。

ハロルドは、たとえ慣れた領域でなくとも本物のプロだった。撮影は続いた。でも、ひとつだけ問題が。ジェーンはカメラマンに、何をするべきか指示されることに慣れていた。「くちびるを尖らせて」『前にかがんで』『両胸を寄せて』『両手を上げて」ところが、僕らのカメラマンは「あの、こうしていただけませんか」とか「おぉ美しい、かわいい、動かないで……素晴らしい」といった感じだった。

ジェーンにとってカメラは、彼女が上下に動いたり、入ったり出たり、クルクル回ったり、髪を振ったりなどしている間、常に連続的にパチパチ音をたてているものだったが、今日は「そうで～す、いいですね～、そのまま～動かないで～、パチッ！」という具合だった。

驚くべきことに、最終的にすべての写真を現像し、ジェーンが見に戻ってきた時、彼女は写真の質を信じられなかったようだ。普通、プロの撮影セッションでは三〇枚のうち一枚、良い写真が撮れているかもしれない。だけど、ここでハロルドが撮影したものは、三枚のうち二枚は非常に良い写真だった。すごいことだった。

午前中の作業を順調に進め、ＢＢＣがやってくる前に大部分を終わらせた。彼らが到着する頃、僕らは本当にプロらしい出で立ちで、残りの撮影もスムーズに進行した。

ジェーンはＢＢＣと素晴らしい仕事をした。でも彼らが実のところ撮影したいのは、僕だ。僕が服を着てポーズをとる番になり、立場は入れ替わった。ジェニーとジェーンがファスナーを上げ、僕の脚を引っ張り正しい位置にしている。今度は僕が、手荒く扱われる側だった！

この場に及んでも再び、自分に問いかけていた。「正しいことをしているのか？　ボスは自社のモデルを務めるべきなのか？」自分で自分のことが恥ずかしくなってきた。短いラグビーパンツに、毛を剃り日焼けした脚、あらゆる種類のハイヒールとブーツを履いて立っているボス。正気か？

ＢＢＣのカメラがあらゆる動きを撮影していた！　もう遅い。床がパカッと開いて、飲み込んでくれたらいいのに――でも僕は引くに引けない立場にある。たぶん、そうなるべきだったのだ！　もう後戻りはできない。

カーペットが引かれていないスタジオの白い紙の上に、四・五インチヒールの太ももまであるサイブーツで初めて出ていった時、僕はうつぶせにばったり倒れそうだった。再び竹馬に乗ってぐらぐらと最初の一歩を踏み出そうとするバンビのような気分になった。ジェーンがポーズをとっていた時は簡単そうに見えたけれど、僕の場合は、サラの指示が耳に響く。「背筋を伸ばし、尻をギュッと引き締め、脚は真っ直ぐ、セクシーに見えるように！」

実際、僕は床にどさっと崩れ落ちそうだった。今度はジェーンが本領を発揮して、ステージの指示やポーズのヒント、脚と足の位置や置き方を示して、僕をモデルのように見せようとした。

工場に人がいなくてよかった。アールズ・バートンの善良な人々が僕のこの姿を見ていたら！　僕らだけで本当によかった――ＢＢＣのカメラと、そして後日……四五〇万人の視聴者たち！

サラと二歳半の息子ダンは、撮影中「舞台そで」に立って、その光景を楽しみ、僕の不格好なポーズやセクシーに見せようとする努力を笑っていた!!

撮影後の月曜日、ダンは保育園のお友だちに、ジェーンという小さい布やスケスケの服を着るのが好きな新しい「おばちゃん」と、太ももまであるブーツを履いたパパが、写真を撮る誰かと一緒にいたというお話をして、楽しい時を過ごした！　彼が刺激的な週末の出来事をあまりに自慢げに話していたので、僕らは園長先生から、何が起きていたのか尋ねる電話がかかってくることを恐れていた！　幸運にも、避けられたけど。

ハロルドは僕らが必要とする数よりはるかに多い、何百枚もの写真を撮った。デジタル写真の時代よりずっと前のことだ。当時カメラにはフィルムのロールが入っていて、それは現像に出されていた。写真がネガと共に封筒に入って到着するまでには、多くの場合、一週間かそれ以上かかった。今はもちろん写真はすぐに携帯電話やデジタルカメラで見ることができる。たとえ、こうした手間がかかっても、写真撮影は容易いことだった。本当の仕事は、ようやく始まろうとしていた。

　僕たちはカタログをデザイン、編集、整理して、すべての製品にコード番号と価格をつけなければならない――割り付けは正確でなければならない。僕はカタログが完璧で、ふさわしいサイズでなければ、と不安だった。

　この業界のほとんどの供給業者はＡ４サイズでカタログを作っていたけれど、僕の考えはその半分の大きさ、Ａ５サイズだった。それなら郵送費が安く、お客さまにとってもポケットやハンドバッグ、枕の下でさえ、するっと簡単に入れられる！

　潜在的顧客の獲得をめざして時間内にカタログを完成させることは至難の業だった。九月のデュッセルドルフが確定であることはみんな承知で、僕は一一月の終わりに開催されるイギリスの最も重要なフェティッシュでセクシーな服や靴、アクセサリーの展示会でもブースを予約していた。その時に発売するため、カタログを準備しなければ。

　つまり僕らには締め切りがあって、かなり大変になりそうだった。間に合わなければ意味がない。これら二つのイベントは、一般の人々と会い、僕らの新しい見込み客に販売する最初の体験になる。デュッセルドルフは前に一度、もちろんＢＢＣのカメラなしで参加しているから勝手はわかっている。でも一一月のショーは、完全に初めてなので非常に難しい。

　一〇〇％味方のお客さまに、家に持って帰り即注文できる素敵なカタログを添えて、キンキーブーツを披露するんだ。うまくいきますように！　その展示会の名は「エロティカ」。


「たくさんのハイヒール姿で写真を撮られたけれど、紳士靴のブローグでは一度もない」

スティーヴ・ペイトマン

9 デュッセルドルフに舞い戻る──再始動テイク2！

デュッセルドルフでの九月の見本市は、僕らだけでなく英国のすべての出展者にとって非常に重要だった。みな、安い輸入品に苦しみ悩まされていた。しばらく前から迫ってきていたことではあるけれど、今やかなり危機的な状況になりつつあった。

すでに述べたように、我々は最悪の事態に瀕し、ブーツや靴業界は実に大変な時期を迎えていた。僕らのような小さな会社は定番商品の注文が入ってこなければ、まず人員削減を、次に最悪の場合には工場閉鎖を覚悟しながら、不確かで暗い未来に直面していたのだ。

僕の管理下においてそんなことは起こさないと、心に決めていた。だからこそ、このドイツでの次の見本市は自分たちのために成功させなければならない。さもなければ、恐れているよりも早く、黒い雲が僕らを襲うかもしれないから。

若く熱心な僕は、かなり深く靴連盟に関わるようになった。参加したどの会議でも最重要議題には、ひとつの大きな進行中の問題があった。英国のブーツと靴業界は、英国の市場に流入しはじめた安い輸入品のせいで苦境に立っていた。どうすればこれを、人々に知ってもらえるだろうか？

それは多方面で、全国的というより地域的な問題だった。ご承知のとおりノーサンプトンシャー州は英国のブーツと靴の中心地で、最高級な靴の製造だけでなく、デザイナーやストリート・ファッションの靴でも世界的リーダーとして普遍的な評判を築き上げていた。

それは、カーナビー・ストリート、キングス・ロード、ヴィヴィアン・ウエストウッド、そしてポップ革命の時代だった。ロンドンが世界のファッションの中心地で、ノーサンプトンシャー州の靴工場はストリート・ファッションの未来を形作るうえで、きわめて重要な役割を果たしていた。

あなたがロンドンのメイフェアにあるバーリントン・アーケードやジャーミン・ストリートを歩けば、今でもお金持ちや有名人を魅了する高級靴店を目にするだろう。チャーチ、チーニー、クロケット&ジョーンズ、エドワード・グリーン、ジョン・ロブ、ローク、ジェフリー・ウエスト、そして、僕たちの近所アールズ・バートンのバーカーといった名店。これらすべての店は、内側に「Made in Northampton」と記された靴を売っている。

こうした企業のほとんどは製品を海外に売り、僕らはより小さな零細企業だけれども、同様にかなり輸出に依存している。だから注文が止まれば、彼らと同じくらい、いやそれ以上に痛みを感じるだろう。

ドイツでの靴見本市の会期が近づき、ブースの計画を立て、通常の在庫に加えて、より広いキンキーブーツの展示スペースを設けることにした。僕はカタログモデルのジェーンに連絡した。全サンプルは彼女のサイズと採寸で作られていたので、どうしても彼女が必要だ。

「デュッセルドルフで週末を過ごすのは、どうですか?」

「いいですね、ぜひ」彼女は最初から乗り気だった。我が社のマネージャーのひとり、スタンも来る。デュッセルドルフの主要な顧客のひとりが手伝ってくれることになり、彼が僕らを家に泊めてくれることになった。できる限りの節約にまだ取り組んでいたので、これは非常にありがたかった。

慎重にサンプルを選ぶ。持っていくものはすべて税関を通さなければならないので、適切に梱包して段ボール箱に詰め、出発する数日前に発送した。

デュッセルドルフでのブースは二五平方メートルの広さで、一三ある広大なホールのひとつにあった。イギリスが世界の靴の中心地だと僕らは思いがちだけど、地球上のあらゆる国から靴の製造業者が集まっている数々のホールを目にすると、干し草の中から一本の針を探すように、見つけてもらうのは至難の業だと感じた。

見本市の初日に到着した時、状況はあまりよくなかった。ブースには電気設備がなく、清掃員は掃除をしておらず、至る所に汚れがついた新しいカーペットと共に、僕らはそこにいることになった。電源がないので、ハイテクな動く照明、サウンドシステム、コンピューターは使えず、大きな光るブランドの突き出し看板をつけることもできない。こんな時、どうやって対処すればいいんだ？

撮影のために訪れていたBBCチームにとって、これは絶好の機会になるはずで、成功させる必要があった。客たちはすぐに押し寄せてくるだろう。緊張感が高まっていた。まもなくカメラが回りはじめ、そこで僕はホールの現場チームに、僕の一番まぬけなドイツ語で苦情を言っていた。

結局、嘆願と懇願と（そして、わずかな賄賂）で、電気技師と清掃員がやってきた。初日に危機一髪だったけれど、ギリギリの時間にブースに電気が通って、見込み客を迎える準備が整った。

見本市が開場して数分以内に、自分たちに向けられる興味関心が途方もなく大きなものであることが明らかになった。春に初めて参加した時は、ジェーンはいなくてブーツだけだった。今回はジェーンが僕らと一緒で、準備万端で、色っぽくセクシーな格好をして喜んで歩き回っている。かなりピタッとしたPVC素材のミニスカートに、さらにピタッとした露出度の高いトップスを着て、黒の太ももまであるPVCのサイブーツを履き、黒髪をなびかせている。最高だ。

群衆がホールになだれ込むとテレビクルーが撮影をしているという話が広まった。突然、僕らは僕ら自身の群衆に襲われた！　ブースは完全にバイヤーたちに埋め尽くされ、そのほとんどは男性で、よだれを垂らしながら舌を出しているように見える。ジェーンと彼女のセクシーな衣装以外には興味がなく、次の衣装替えを待ちながら、ただ突っ立っていた。僕らが気にしたかって？　とんでもない！　エンジン全開だ！

群衆が群衆を呼び、僕らはホールの話題となり、噂は広がり、カメラは回りつづけた。すぐに「ひやかし」だけでなく、正当なお客さまもブースにやってきた。これ以上、素晴らしいことはない。

向かいにブースを構えるトルコの業者とも仲よくなった。彼は、よくトルココーヒーを持ってきてくれた——ご存じのように、どろっとして砂糖たっぷりの濃い飲み物で、ひとくち飲むたび、僕らのテンションは上がりつづけた。コーヒーをくれることを口実に——少なくとも彼はそれしか言わずに——定期的に僕らが何をしているのか見にやってきた。実際には他の人たち同様、ジェーンをもっと近くで見たかっただけだろう。

彼が一度、片言の英語で言った「スティーヴ、あなたはすごい広報マンですね、偽のテレビクルーを雇って撮影させて、人々がブースで立ち止まって見るようにするとは、なんて素晴らしいアイデアなんだ」「いえいえ、本物ですよ、本当に」僕は返した。「はいはいはい」彼はトルコ英語のアクセントで、明らかに信じようとしない感じで答えた。彼らがBBCのために撮影している本物のテレビクルーであることを、理解してはもらえなかった。

このように、概して見本市は大成功だった。それまで夢見ていたよりも多くの連絡先、さらなる興味関心と注文を獲得した。約八〇〇足のキンキーブーツと靴のオーダーに、新しいお客さまのため製造しなければならない何十足ものサンプル。キンキー部門での新たな試作という特別なプレッシャーの中で、これからの数週間はフル回転になるだろうと覚悟した。

ミッシェルと撮影隊が工場内外で行なう次の撮影計画を携えて、再びノーサンプトンシャー州にやってきた。今回はマネージャーと職長たちを役員室に集めて、僕からデュッセルドルフ見本市の成功と直面している追加作業の最新情報を伝えてほしいらしい。

BBCが思いついた素晴らしい考えは、会議の様子を役員室の窓越しに、カメラに向けられた僕の背中のシルエットと共に撮影したいというものだった。

「どうやってやるんですか?」僕は気になった。「役員室は二階です、カメラマンを竹馬に乗せるんですか?」

ミッシェルが言う。「ロンドンからクレーンを持ってきて、キング・ストリートとノース・ストリートの十字路の脇に設置します。カメラオペレーターがクレーンに乗り、それを高く上げ、野外から窓越しに中をのぞき込んで撮影するんです。デュッセルドルフでの成功を話すあなたの肩越しに従業員たちを映し出すカメラ映像は、見栄えがよいでしょうね」

なんて金の無駄使いだ。「ノーサンプトンにもクレーンは間違いなくあるので、ロンドンからわざわざ持ってこなくてもいいんじゃないですか」「ダメです、ロンドンからのものでないと。安全衛生やら何やらで」

こうして彼らはロンドンから巨大なクレーンを運んできた。ここで僕が説明しなければならないことは、キング・ストリートの僕らの工場がある場所には、空間的余裕がほぼないということだ。ノース・ストリート、クイーン・ストリートそしてキング・ストリートはすべて狭いヴィクトリア時代の脇道で、工場はその一角にある。二台の車を並べて通すのも一苦労、ましてやクレーンなんて!

彼らは「偵察」を行なったようだが、ちょうどよい角度で窓をのぞき込めるようアームを伸ばせなかったので工場の外にクレーンを駐車できなかった。そこでノース・ストリートの一番端にクレーンを停めアームを上げた。窓から計画どおりの光景を得るためには、アームが工場の向かいにある家の庭の角を横切って伸びる必要があったけれど、かなり安全で交通の妨げにもならないように見えたので、僕らはそれ以上、何も考えなかった。

クレーンの高い足場には、カメラマン、プロデューサー、無線オペレーター、音響オペレーター、そしてミッシェルがいた。

想像してみて。テーブルの上座に座っている僕、両側にはマネージャーたちと職長たち、でも、あなたにテーブルの下は見えない。そこは、音響技術者、ブームマイクという先端にマイクをつけた長い棒の担当者、無線オペレーターをカメラの撮影から隠す場所だから。彼らは屋外で起きていることと役員室で起きていることを同期させるため、そこにいなければならない。

その時の計画は、こうだった。「開始してほしい時に、テーブルをノックします」テーブルの下から無線の男が言った。「そうしたら従業員の方々にスピーチしてください、よろしいですか?」

スピーチなんてない。僕はいつもどおりに、ただ思いつきで話すだけだ! テーブルをノックする音がしたので話しはじめた。

「みなさん、素晴らしいお知らせです。スタンと私はデュッセルドルフで驚くべき時を過ごしました。新たな製品に加えて通常の注文で八〇〇足以上を販売し、世界中からたくさんの名刺を入手しています。これら最初の注文と多数のサンプルという需要に応じることになれば、我々は非常に多忙に……」

その時、テーブルをノックする音がした。僕は下をそっとのぞき、無線オペレーターの方を見た。

「どうしましたか?」

「あの、ちょっと技術的問題が。カメラと音が同期していなかったので、もう一度やり直します」

再びテーブルをノックする音。再び僕の言葉。

「はい、みなさん、僕らはちょうどデュッセルドルフから戻ったところで、すごいお知らせが……」

またまたテーブルをノックする音。

「ちょっと頼みますよ、今度は何ですか?」これはＢＢＣだぞ、ちゃんとできないのか?

「また技術的な障害で、もう一度やってもらえますか?」

そろそろうんざりしていて、声は、それを反映していたに違いない。

「さて、みなさん、デュッセルドルフから戻り、素晴らしい成功、八〇〇足、名刺……」スピーチは毎回どんどん短くなり、熱意はかなり下がっていった。僕は従業員を工場の現場に、作業を再開させるため戻そうと必死だった。

マネージャーと職長は、これをとても面白がって、どうにかして僕を笑わせようとしていたけど、僕はもうかなりイライラしていて、心底腹を立てていた。

そして、はいはい、再びテーブルをノックする音。

「もう、いい加減にして、信じられない。今度は何?」

「すみませんスティーヴ、外で問題が起きました」

全員が振り返り窓の外を見ると、そこには目を疑うような光景があった。まさに「モンティ・パイソン[*1]」によるコメディーの一場面のようだった。どんなばかげた行為も我慢ならない男が、庭に立っていたのだ。

彼は退職した老人で、おそらく両方の世界大戦とその間のすべての戦争に加わったのだろう。彼の家は工場の真向かいだった。そこに二本の杖を手に立っていた。一本の杖に寄りかかり、もう一本の杖を上空のクレーンにいる撮影隊めがけて、狂ったように空中で振っている。僕らは窓を開けた。

一体、何が起きているんだ？　彼は声を限りに叫んでいる。「おたくが誰か、何なのか、わしは気にしちゃいない、おたくが英国女王だろうが、知ったこっちゃない。わしの空域から、クレーンのようなものをとにかく退けろ」

すると哀れなミッシェルが、彼女の最上級のＢＢＣ声で弁解する。「しかし、私たちはＢＢＣから来ています。私たちは道路上で撮影をしています」

「どこから来たかなんて、わしは気にしちゃいねぇ、どこか他に行ってやれぇ」やけに母音を引き延ばす昔のバートン口調で怒鳴り散らした。「わしの空域でぇ、撮影をするなぁ、さあ、行けぇ、うせろぉー！」

この素晴らしき老人は全作業を停止させた。ＢＢＣの力が、地元バートナーの力とぶつかったのだ。ＢＢＣと作業をしている間、僕はＢＢＣが引き下がるのを見たことがなかった。しかしクレーンの解体を強いられている。ＢＢＣはクレーンを老人の空域に侵入しない、彼の見事なネギに影を落とさない他の場所に移動させなければならない！　面白すぎた。ＢＢＣの面々が怒られ、しょんぼりしながら安全な距離まで退却するのを見て、笑いが止まらなかった。

最終スコア　バートナー　１　ＢＢＣ　ゼロ！

ついに撮影が終わった。でも僕は何かが足りないと感じていた。ＢＢＣはデュッセルドルフでの成功をグランドフィナーレとして番組を締めくくる予定にしていたけれど、僕はそれ以上を望んでいると確信していた。これでは不完全だ。

「ねぇ、ミッシェル」最後の撮影を終え、我々はお茶を楽しんでいた。「すべての行程が終わった、マーケティング、デュッセルドルフの見本市、でも私は、もっとセンセーショナルな何かが必要だと、まだ思っています」

彼女は興味がありつつ、ちょっと傷ついているようにも見えた。僕を批判的だと考えたのかもしれない。

「これ以上、何が必要だと?」

「そうだな、私はこの資金をすべて、新規事業立ち上げの投資に使った。デュッセルドルフではうまくいったけれど、我々のカタログは世間の特定の層に向けられています。新聞の三面を飾るトップレスの女性モデル、ドラァグ・クイーン、異性装者、その他すべての人々に我が社は商品を販売している。間違いなく、こうした人々に関する番組の本当のエンディングを作る必要があると思うんです」息を吸うため、ちょっと止まった!「正直に言って、番組は不完全だ。視聴者は商業的な側面、ビジネスマンや会社のことなんか、少しも気にかけやしない。視聴者が見たいものは、隠された秘密、ショーの舞台裏、好奇心をそそる破片なんじゃないですか」

「それで、あなたの提案は?」

彼女の声に若干の敗北を感じた。わかっている、僕が前向きでなければ。

「ミッシェル、もうすぐロンドンのオリンピアでエロティカ・ショーが開催される。ここはイギリスで最大かつ最も権威ある会場のひとつだから、毎日何千人もの来場客が来るでしょう。我々は八〇平方メートルくらいの巨大なブースを確保している。そこを、こうした人々のために作ってきたすべての製品、キンキーブーツで埋め尽くす予定です。撮影しに来ないと、チャンスを逃すことになると思うよ。さらに言えば、人と人、商品とお客さまの交流を、キンキーブーツに命が吹き込まれる様子を、見る必要がある。なにしろキンキーブーツは、スターだからね!」

彼女の目が輝き、このアイデアに乗り気になっていることが見てとれた。だが、これ以上の撮影を行なう予算はないと上司から言われたようだ。計画して予算が組まれたことはできたけれど、ここまで、と。

しかし話したことをミッシェルが受け入れてくれたことはわかった。この時点で、この物語に素晴らしい結末はない。ここまでに語られたキンキーブーツの旅路に、爆発的なクライマックスはなかったのだ!

回答が出るまで、そう時間はかからなかった。

「スティーヴ、良い知らせです」

ミッシェルだ。三日後はしゃいだ様子で「同意してくれたわ、番組には視聴者の記憶に残るエンディングが必要だって。我々は、まさにこれだと思います。エロティカの世界でお客さまと向き合い、ブーツのモデルを務めるスティーヴ。素晴らしい番組になるでしょう。なんと言っても、セクシーなイメージは注目されますから！」

興奮する。待っていろ、エロティカ！

どうにかしてミッシェルは、エロティカで撮影を行なう追加予算を確保した。時間をさかのぼってＢＢＣの撮影隊は、これまで記録した映像の編集を始めた。それは僕らにデュッセルドルフで受けた注文分や、新しい見込み客向けのサンプル作りと発送、それから世界で最もセクシーな見本市エロティカに集う人々に向けたキンキーブーツの最大規模な発売準備といった本来の靴作りに戻る時間を与えてくれた。

準備の鍵となったのは、見本市で配布できるようにカタログを編集して印刷することだった。すべて順調、でも僕たちにはまだ、ブランドの名前がなかった。独自の調査を通して僕は「フェティッシュ・フットウェア」という用語を使っていたけれど、その呼び名が孤立を招き、文字どおり「ショッキング」すぎるとすぐに実感しはじめた。

何かもっとソフトで、人々がその一員に加わりたくなるような、決して攻撃的ではない、あなたのお祖母さま、お母さま、お父さま、誰もが、ソーホーの裏路地に迷い込んだと思うことなく使えるような名前が、僕には必要だった。

いろいろな名前が頭の中を回っていたけれど、木を見て森を見ず、状況をよく把握できなかった。ジェニーとブランド名を考え出そうと何時間も費やしていると、突然、彼女が思いついた。

「スティーヴ、そろそろまた、お財布を開く時がきたんじゃない」彼女は笑った。「スタッフに聞いてみるのはどうかしら、そして一番いい名前を思いついた人に賞金をあげましょう。彼らをあなたの味方につけておく良い方法だし、誰にもわからないけれど、そのうちのひとりが、将来の顧客になるかもしれない！」

何人かの従業員が紙切れに提案を書き、そのどこかに完璧な名前があるんじゃないかと確信しながら僕らは検討した。不適切！　それらはすべて、いかがわしくてひどい、完全に間違った意味でのセクシーなものだった。読みながらこれが、今までに僕らが考えた最悪の思いつきだったと実感した。

「僕らに必要なもの」僕はジェニーの方を向いて言った。「それは、どう表したらいいのかわからないけれど、叙述的で官能的な、下品ではない、ひとつの単語だ。恥ずかしがらずに、みんなが使える日常的な単語、この世のものではないような、ちょっとロマンティックで、だらしなくない、愛は……ヘヴンリー、天国のような、愛は……ディヴァイン、神聖な」

ピカッと光が輝き、ベルが鳴り響き、天の聖歌隊が歌った！「それだ！　ディヴァイン。どう思う？」

「まさに。完璧だわ」ジェニーが満面の笑みを浮かべた。

「さらに良いことに」僕は興奮してしゃべりたてた。「ディヴァイン*2は、あの有名なアメリカのドラァグ・クイーンだから。彼女の曲を覚えてる？『ユー・シンク・ユーアー・ア・マン』――大ヒットしたよ。みんな彼女に自分を重ね合わせるだろうな……素晴らしい!!　ディヴァイン」

僕たちはこの単語で言葉遊びを始めた。ディヴァインの介入、愛はディヴァイン、ディヴァイン・インスピレーション、完全無欠、完璧だ。

ついに、この発想と製品そしてカタログに名前がついた。あとはすべてを実現するだけだ。

僕らはキンキーブーツを作った。そして今、キンキーブーツに名前がついた。

「ディヴァイン・フットウェア」

「セクシーな靴とは、デザインだけでなく、素材の感触、ヒールの高さ、靴そのものが生み出す賛美のまなざしにある」

スティーヴ・ペイトマン

10 現実の世界

僕は二つの異なる人生を送っているみたいだった。ＢＢＣとの『トラブル・アット・ザ・トップ』の撮影は、まるで別世界のようだ。

アールズ・バートンそしてＷ・Ｊ・ブルックス社という現実の世界に戻ると、工場でのことはそんなに華やかではなく、実際のところ苦境に立たされていた。英国靴業界の状態は好転するどころか悪化して、業績はさらに低迷。海外からの新しい注文を見つけたり確保したりすることは、ますます困難になった。為替レートは一向によくならないし、顧客は依然として為替レートが変わるのを待っていた。もし彼らが悪い為替レートで靴を買えば、明らかに、その商品により多く支払うことになる。この上昇分を顧客への価格には上乗せできないので、これは利益の減少を意味するだろう。

僕らのブーツと靴は、いよいよ山積みになってきた。さらに高く！　工場内のあらゆる空いている場所に顧客からの注文を待つ発送準備の整った段ボール箱が積み上げられた。我が社の資金繰りが、問題になりはじめていた。

そんな時、ファッション靴を大量注文していたアメリカの顧客が支払いに関して不規則になりはじめていることが判明した。明らかに問題を抱えていると、僕らは心配になった。彼とは何年間も仕事をしてきていたけれど、この時点で支払いが滞っていた。その件で問い合わせると「あぁ、すみません、信用状か送金に問題があるんでしょう、確認しますので、ご心配なく」

だが我々は心配した！　不幸なことに次の注文はすでに発送中だった。以降さらに言い訳が増えた。結局、彼は我が社に多額の借金をし、売掛け金は合意された信用限度額をはるかに超えていた。ついに「これ以上、あなたとお話しできません、任意整理に入りました」と言ってきた。アメリカの法律では、これによって彼は自己破産を宣言することができる。

このような状況では誰も彼と連絡を取れない。僕たちは弁護士、会計士、銀行と共に頑張ったけれど、最終的に、かなりの金額を失った。現実と向き合わなければならず、労働力を見直して人員削減を検討しなければならないと決断した。

他のことはすべて試していた。キンキー製品の膨大な数の注文にもかかわらず、すでに工場を短時間勤務にしていた。しかし、さらに節約をしなければならず、明らかに選択肢がなかった。どんなビジネスでも最大の経費は人件費だ。急いで何かしなければ。会社の歴史上、人員削減を余儀なくされたことは一度もなかった。僕はマネージャー、そして父と共に、あらゆることを検討し、より少ない人員で同じ数の製品を作りつづける必要があるということに同意した。みんながみんなのことを知っているアールズ・バートンのような地域社会では、人員削減が連鎖反応を生む。一六歳半で学校を卒業してから僕は、彼らのほとんどと一緒に働いてきた。父と共に働いた人も大勢いる。彼らの家族、母親、兄弟、姉妹、父や祖父でさえ僕は知っている。とても厳しい決断。しかしこれは我が社が下さなければならない仕事上の決断だ。

明らかに人々は状況を把握していた。彼らは愚かではなかった。何が起きているのか知っていた。多くの工場が僕らよりもはるかにひどい打撃を受け、これまでのところ僕らは、どちらかといえば幸運だった。

靴連盟と話さなければならず、この計画が承認されたら直ちに、会議のため全従業員を集めなければならなかった。二人のマネージャーが僕と共に全従業員の前に立った。彼らはわかっていた。全員の表情がそれを僕に伝えていた。静まり返る部屋。聞こえるのは機械の冷却音、管から漏れる圧縮空気音、古い木造部分のきしる音、そして、絶対に部屋の全員に聞こえていたであろう僕の心臓の激しい鼓動だけだった。

僕の人生における最も辛い瞬間、これまでで一番困難な人前で話す機会だった。今でも何を言ったのか正確には思い出せない。なぜならあの瞬間を、自分の記憶から断ち切ろうとしているから。でも基本的にはこんな感じだった。「我が社は、アメリカ最大の顧客から多額の負債を負い、彼は破産しました。経費を削らなくてはなりません。そうしないと我々はすべてを失うでしょう。従って諸経費を減らす取り組み以外に選択肢はありません。これは残念ながら、ある程度の雇用喪失を意味します」

足を動かす音が少しした。誰もしゃべらなかった。僕はみんなを見た。辛かった。今でも、あの瞬間のことが頭をよぎるたび、涙が出そうになる。

「当たり前ですが、これは私が絶対にしたくなかったことです。我々はあらゆることを検討しましたが、一七人を余剰人員にしなければなりません」

最盛期、最も忙しかった頃には男女合わせて八〇名が働いていた。けれども当然のことながら自然に人は退職する。そうした人々の後任は雇わなかった。労賃を節約するため仕事を分散させようとした。避けられない事態を阻止するためなら、どんなことでも。

どうやって涙をこらえたのか、まったくわからない。普段は映画や悲しい状況で泣くようなタイプではない。いつも自分の感情をコントロールできるけれど、この人たちは単なる従業員以上で、僕にとっては家族のような存在だった。でもこれは実行しなければならない。

「顔を合わせて話したいので、ひとりずつお呼びします。新しい仕事を見つけるためにできる限りのことをします。推薦状をお渡しして可能な限りお手伝いします」

より簡単な方法なんてなかった。このことは映画やミュージカルでも描かれている。あの場面を見るたび、感情が溢れて押し寄せてくる——悲しみや失敗、心の中の疑念、僕のせいだったのだろうか? 何か違うことができただろうか?

もしも……?

しかし驚くべきことに、ほとんどの人が受け入れてくれた。もし僕だったら、ひどいことを言われたと思うのに、こうした素晴らしい人々は本当にすごかった。

「近々こうなるだろうって、わかっていたよスティーヴ、我々だって予感はしていた」ひとりが言った。「そうだ、このままでは続けられない。おまえはできることはすべてやった、みんなわかっているさ」もうひとりが言った。

いくつかの点で、こうした言葉を聞くのは本当に辛かった。もし彼らが激怒して、仕事を失ったのは僕のせいだと叫んでいたら、受け入れるのはもっと楽だったかもしれない。でも彼らの冷静な受け止め方は、聞いていて胸を締めつけた。

甲部を引き伸ばして靴型に合わせる作業をするラスティング部屋で働いていたある男性のことを思い出すと、今でも動揺する。僕は彼を部屋に呼び「本当に申し訳ない。今まで何年も一緒に働いてきて、こんなことしたくはないけれど、君を解雇しなければ」と伝えた。

驚いたことに、彼は言った。「あぁ、心配するなスティーヴ、全部知っていた。俺はあの部屋で一番鋭い道具ではなかったかもしれないが、何かが起きていることはわかっていた。予想していたから俺のことなら心配無用だ、仕事はどこかで見つけられるさ」

「それならよかった、でもまだ、最悪の気分だ」僕は答えた。

「いや、俺の心配はするな。俺がかわいそうだと思っている人間は、あんただ、俺じゃない」

「何だって?」僕は問いかけた。理解不能だった。

彼は言った。「そうだな、言い方を変えると、俺はどこのどんな工場にも入っていき職を得るだろう。彼らはいつだって、俺みたいな人間を探している……肉体労働者……倉庫作業……荷造り、俺は何だってやれる。だが、もし、あんたが仕事をなくしたら? 別の仕事に足を踏み入れられるか? 俺にはより多くのチャンスがある、だが、誰がボスを欲しがり、工場の現場に配置する? たいていの仕事で、おまえさんは資格過剰だ」

僕は彼の忠誠心と理解に感謝を述べ、彼は部屋を出ていった。僕は手で頭を抱え自分の机に座った。人生で、こんなに泣いたことはなかったと思う。それは本当に胸に突き刺さり、おそらく何年もかけて蓄積されてきたすべての感情を呼び起こした。彼ら全員が、心底いい人たちであったという事実。まぁ、ひとりか二人は「そう、なんでも結構!」と言った人もいたけれど、大多数は、僕ができる限りのことをしたと、実際、認めてくれた。誇りをもて、と言ってくれた人たちもいて、さらに胸が痛んだ。

こんなに狭い地域社会で、これほど多くの生活に打撃を与えてしまい、どうして誇りに思えるだろう？　そう、僕たちは家族の複数の構成員を解雇しないよう必死に取り組んでいたけれど、常にうまくはいかなかった。工場における技能の配分を考える必要があって、場合によっては感情的なことが、工場運営の実践的な側面を優先した結果失われることもあった。余剰小切手はあったけれど、それは毎年毎週入ってくる定期的な給与の代わりにはならなかった。

僕は人生で初めて、「ボス」であることが嫌になった。

「家族経営は、単に生活のためだけでなく、生き方そのものだ。成功には全員が重要な大家族」

スティーヴ・ペイトマン

11 エロティカ

「在庫がどれだけあるか、わかっていますか？」スタンは唖然とした表情だった。

パニック！

僕らは工場のど真ん中にいた。

「もちろん、どえらい数だ！」スタンは僕を、そして展示会用の在庫を見た。

オリンピアの展示会ブースに似せた「実物大模型」がある工場内の小さなエリアはパンク寸前で、まだすべての在庫を収められていない。どれが一番売れて、どれがそうでもないかなんて、どうしたらわかる？　ただ賭けに出て当たることを祈るしかない。売れそうなものを持参して、もしカタログにはあるけれど現場にはない商品を欲しがられたら、現金払いで注文を受けて展示会後に早急に送ることにした。

僕らのブース八〇平方メートルは、事務所、店舗、家、そして未来、すべてがひとつになったものだ！　在庫の多さに気づき置き場を思案していると、スタンもちょうど同じことを考えていたようだ。「どうしましょう？　残りは、どこか別の場所を探さないといけませんね」

他に何ができるだろう？　ブーツと靴、それぞれのデザインを三から一三まで一一サイズ、さまざまな色、革製やPVC製、すべて箱に詰めていた。それぞれ一足だけではない、二足、三足で販売に備える。人気のサイズは何足になるか誰にもわからない。

加えて服とアクセサリーも持っていき、展示会に届けられることになっているカタログの入った箱の置き場も確保しなければ。さらなる問題。

「主催者に倉庫として使える部屋がないか確認してみる」これが唯一の答えで、スタンは同意した。僕は何本か電話をかけに行き、ありがたいことに、使われていない古い倉庫を使えることになった。問題のひとつは解決。

それはよかったけれど、倉庫はホールの反対側で、ブースにないものを誰かが欲しがったら、どちらかが会場を横切るように走って取りにいくことになった。

他の要検討事項は、販売する在庫と残っている在庫をどうやって管理するかだ。

ひとつ問題が解決した途端、別の問題が浮上してくるようだ。在庫管理のバーコードなどなかったので、大量の紙とペンを使って、古き良き時代の在荷調べをすることになった。

木曜日、借りてきた七・五トンの大型トラックに機材、在庫、そして希望を積み込み、僕らはロンドンへ向け出発。早朝、ラッシュアワーの中トラックを運転して、ついにエロティカ・ショーの会場オリンピアに到着した。これからの五日間、僕たちのホームになる場所。設営の日、展示会の三日間、そして片づけの日だ。

トラックから荷物を降ろすと、すべてのものを二人で割り当てられたブースまで五〇〇メートル運ぶことに。必死に作業しているとスピーカーから「ディヴァイン・フットウェア、お届けものがあるので荷物搬入口までお越しください」というメッセージが流れてきた。

新しいカタログが届いたのだ！　積み重なって何箱も。一番上の箱を破いて開けると、僕ら自慢のカタログがあった。フルカラー写真の載った光沢のあるページには膨大な数のブーツと靴、そして僕らが販売している他のあらゆる製品が並んでいた。各カタログの中には、商品コードと価格の印刷された白い紙がはさまれている。

スタンは一冊を手に取ると「うわぁ、何てことだ！　スティーヴ、これ見た？」見ていなかった。彼が白い紙を僕に渡す。価格がすべて間違っていた。「これは卸値だ。どうしよう？　小売価格が、どこにもない」

一万枚の価格表はまったくの役立たず、開場まで二四時間を切っている。僕は印刷業者に電話をかけた。彼らの手違いを謝罪された。印刷屋は、なぜ間違いが起きたのかまったくわからず、訂正した新しい価格表をできるだけ早く届けると僕たちに約束した。

幸いにも、僕らは正しい小売価格表を何枚か持っていたので、初日の金曜日にはそれを使うしかない。リストと照らし合わせつづけなきゃならないので、仕事がさらに増えてしまった。すぐに僕らは価格を覚えるだろうけど！

こうしたすべてのちょっとした、そしていくつかの大きな問題で、まだまだ自分たちが未熟であることを痛感した。デュッセルドルフでは、試作品を持ち込み見込み客の注文を取った。ここでは、欲しがるお客さまに売る在庫がある。己が求めるものを知っていて……今すぐ手に入れたい大衆に、僕らは販売するんだ！

この展示会は非現実的で大規模で大胆で奇抜で派手だ。開場したらすぐに、人々が僕らのブースに引き寄せられてくると確信していた。遠くからでも見えるように、大きな垂れ幕をデザインして、「Divine」の看板をぶら下げる金属の枠を作ってもらった。

ジェーンともうひとりのモデルが製品を身につけて披露、何人かの友人、家族と辛抱強い僕の妻が手伝いを申し出てくれた。

すべてはイメージのためだ。僕らは本物のショーを装った——音楽と点滅するライトにスモークマシーンで、その場をナイトクラブのようにしたかった。僕らがそこにいることを来場者たちに確実に知ってもらうために！　でも、それだけで充分か？　僕らは新参者。受け入れてもらえるだろうか？

金曜日、催しの初日は実に熱狂的で大混乱で非現実的で、だけど素晴らしかった。僕らの製品はまさにお客さまが求めているものだったようだ。デザイン、素材、品質と履き心地を、ものすごく気に入ってくれた——でも何より、僕らは在庫が足らなくても、他社のように数ヵ月ではなく、数週間以内のお届けを約束できた。

会場の扉が閉じられたその晩、僕らは疲労困憊だった。初日は超忙しく想定をはるかに超えるほど売っていた。

五分間、一息ついて飲み物を飲み、それから辺りを見回した。この日の信じられない取引の証拠がブースに散乱していた。風変わりなブーツに靴、革紐、手錠、カタログ、コーラの缶、サンドイッチの包み紙、もはや「キンキー」な戦場のよう!!

　スタンが売り上げ計算とクレジットカードの伝票整理に取り組んでいる間、僕は片づけを始めた。

「こんなこと、ありえない」スタンがクレジットカードの機械と伝票をじっと見ていた。「きっと機械が故障していたんだ」「どうして、どうしたの?」手を止め、彼のところへ行った。「忙しかったことは確かだけれど」スタンは続けた。「でも、こんな額になるとは夢にも思わなかった。現金抜きで五〇〇〇ポンド以上、現金はまだ数えはじめてもない」

　僕も信じられなかった。だけど我々は初日に五〇〇〇ポンドを上回る額に加えて現金で二〇〇〇ポンド以上を手にした。まだあと二日ある。大変だった作業、心配、眠れぬ夜、すべてが報われた。

　土曜日の朝、二日目の開場に備えて大規模な棚卸しを行なわなければならなかった。幸運なことに印刷業者の作業は順調に進み、一二時の開場にちょうど間に合うよう宅配業者が刷り直した価格表の入った箱を届けてくれた。

　もうすぐBBCの撮影という頃にブースを手伝っていた友人のひとりが突然、話しはじめた。「クレイジーな考えかもしれないけれど、あなたが用意した、ブーツの試着で人々が座るベッドがあるじゃない?」

「あぁ」僕は、ためらいながら答えた。

「ねぇ、ジェーンに、あのベッドの上に寝そべって、くつろいでもらって、彼女の一番得意なこと、つまりPVCの服と太ももまであるサイブーツで、グラマラスなポーズをとってもらうのは、どうかしら?」

　一秒も考えることなく僕は言った。「クレイジーなこと、やろう」素晴らしいアイデアだった。

　ジェーンがベッドの上に横たわる光景は、まるで蜂にとっての蜜のよう! 報道陣も観客も大喜びだ。問題はBBCが僕らを撮影していたので、お客さまのための場所がほとんどなかったこと。ジェーンは本領を発揮して一瞬一瞬を楽しんでいた!

　ひと息ついていた珍しく静かな時間に、耳元でささやく声がした「ここに座ってもよろしいかしら?」グラマラスな女性が太もも丈のブーツを手に、ベッドを見ながら尋ねてきた。「もちろん、お座りください、腰掛けてブーツを試してみてください」僕は対応した。

「手伝っていただけます？　この爪では何もできなくて」彼女は満足そうに長い真っ赤な爪を空中でくねらせながら「ちょうど、やってもらってきたところなの。折れたら死んじゃうわ！」長く黒いまつげが、僕に向かってはためいた。

彼女は美しくメイクを施し、すてきな服を着ている。近づいて見てみると、このグラマラスな女性が、僕が生まれて初めて実際に遭遇した異性装者であることに気づいた。ＢＢＣは、この少しぎこちない状況を見逃さず、彼女に許可をとったうえで、ブーツを履く彼女を手伝う僕を撮影しはじめた。

今まで異性装者にブーツを履かせたことはなかったので、僕にとって、とても独特なことだった。撮影では自分で自分のブーツのチャックをしめた。でもこれは、ちょっと挑戦だ。僕は男で、彼も男で、僕は彼女が初めて四・五インチヒールの太ももまであるサイブーツに足を入れるのを手伝っている。プロでありたかった。自分に言い聞かせた。「恥ずかしがるな、**絶対に赤面するな!!**」

何を大騒ぎしているのかと思うかもしれない。しかし、僕は何回もジェーンのブーツのチャックをしめたけれど、今回は違った。僕の手がチャックを上へ上へと引き上げると、突然、アレが邪魔をした！　ジェーンにはないアレ、もしあなたが言っている意味がわかるなら！

「あ〜ら、そのとおりで、その子たちは、ずっと上まで登ってくるの……お気をつけて！」わけ知り顔でにっこりしながら、彼女が言った。「チクショウ！」僕の顔は、また燃えるような恥ずかしさで真っ赤になった。あなたは、僕が今では何にでも対応できると思っているかもしれないけれど、明らかにまだまだ勉強中だ！

とにかく、ちょっとした調整でブーツを履き終え僕の方を向くと、彼女はまるで台本に書かれているかのように「うわぁ、これはまさにディヴァイン、神々しいわ、ダーリン、なんて素敵なの、これぞディヴァインね」と言った。この時、ふさわしい名前を選んだと確信した。彼女はカメラの方を向き、顔にかかった髪をさっとはらうと、最高にソフトでセクシーな声で「あたしは、と〜ってもエロいの、あたしには四・五インチ以下じゃ、ダメなの！」と言い放った。

僕らは大笑い。その言葉は王室御用達の次に価値あるもの——彼女だけで製品を売ることができただろう！

エロティカは望みどおりのものだった。ＢＢＣに撮影すべき唯一無二のまったく新しい世界を与えたのだ——拷問道具に縛り付けられる人、車輪の上で逆さまになる人、鞭で打たれている人、竹馬で歩く人、ＰＶＣやゴム製の服に身を包んだ人。エロティカはＢＢＣにとって宝の山だった。

あらゆるお客さまが、靴や服を試着して買っていた。異性装者やストリップ・ダンサーたちはみな、撮影されるのを喜び、そしてさらに「ディヴァイン」について世界に語った。それは期待した以上のことだった。

僕にとって何がよかったかといえば、我々が多種多様な人々に出会えたことだ。彼と彼女、彼と彼、彼女と彼女、そして三人組、四人組、スウィンガーズ――彼らはみな、自身のためだけでなく、パートナーのためにも服を選んでいた。僕の目は開かれた。突然、性別は僕が信じていたほど単純なものではなくなった！

重要なのは彼らがとても純粋で、自分の考えに率直で正直な実在する人々ということだ。自分の気持ちを包み隠さず表すだけじゃない、大柄であれ小柄であれ、自分自身の身体を心地よく感じ、ただ楽しもうとしていた。

僕は、他の状況では決して出会わなかったであろう、こうした人々とすぐに打ち解けた。彼らは新鮮な空気の息吹のようで、見栄を張らず仲間内で秘密をもたず何より僕たちを優しく受け入れてくれて、僕らを彼らの翼の下へ連れていき、いろいろ教えてくれた。彼らはお客さまというより、友人のようだった。

大成功だった。そこにＢＢＣがいたことで、より一層そう思った。カメラが回っているという噂が広まると、人々が群がってきた。華麗に奇抜に着飾った来場者たちは注目されるのが大好きで、すぐにカメラに向かって即興のショーを披露した。

僕らはこうした世界の最先端にいた。他にも似たようなほぼ輸入製品を売るブースがいくつかあったけれど、彼らは、僕らが行なったマーケティングはしていなかった。

何より驚いたのは、それまで競合他社だった出店者たちがカメラの回っていない時にブースへやってきて話しかけてくれたことだ。明らかに製品を気に入り、彼らの世界へと喜んで迎え入れてくれた！　我が社がすべて自分たちだけで成し遂げたことを知っていてくれて、僕らはとても仲よくなった。結局のところ、今や僕らは同じ光景の一部だった。

互いから学び、僕個人としては彼らの製品のいくつかが、次のカタログで使えることに気づいた。もし取引してくれるなら、僕から在庫の卸売りは大歓迎だ。
誰がこれを信じられるだろう、今や僕らは、新たに手に入れた事業で最高の人脈を築いている。
ミッシェルとＢＢＣのスタッフは、番組の山場はエロティカ・ショーで、それをまた「ディヴァイン」の完成とすることで意見が一致した。この新しい産業で無名だった僕たちが、輝ける存在のひとつに躍り出たのだ。「ディヴァイン」はブランドになった。みんなが僕らの名前を知っている。キンキーブーツ工場は成功し、今やしっかりと地図に記された。僕らのキンキーブーツが、現実のものになった。

「太もも丈のサイブーツのチャックをしめる時、チャックの後ろに入れる指は不可欠！　信じてくれ!!!」

スティーヴ・ペイトマン

他よりワンランク上！

九〇時間という長い撮影を経て、ミッシェル率いるチームは四〇分番組『トラブル・アット・ザ・トップ』を完成させた。

「一体どうやって、あれだけのフィルムから適切な場面を取り出せたのですか？」僕は驚き、興味をそそられた。

「そうね、私の狙いはこの物語を正しく伝えることでした」ミッシェルは僕の目を真っ直ぐに見た。「撮影の間中ずっと明確な考えがあったの、自分が最終的な完成品として何をしたいのか。小さな村という場所、一一五年続く家業、家族ある男性、社長、伝統的な会社、そしてキンキーブーツと折り合いをつける地域社会」

確かに彼女はすべてを計画し、どのように見せたいのか考えていたようだった。

「これはビジネス番組です」ミッシェルが続ける。「私は、悪戦苦闘している会社が生き残るため、あれほどのリスクをどのように負ったのか見せたかったんです。それになんと言ってもスティーヴ――脚の毛を剃る覚悟を決めて、自分でモデルを務めるボス？　勝者に違いないわ！」

僕らは笑った。

「あなたは今までのボスがやらなかったことをした、ゲイ・クラブ、フェティッシュ・クラブ、スウィンガーズ・クラブ、そしてエロティカ・ショー、従来のボスが存在すら知らない場所に出かけていった！　あなたは、ほとんどの社長が恥ずかしくて穴があったら入りたくなるようなことをする覚悟を決めた。そしてもちろん、セクシーな要素があったし、セックスは常に人々の興味をそそる。素晴らしいものになるはずよ、私を信じて」

ちょっと謙虚な気持ちになった。彼女は正しい、僕はあらゆることに身を投じて、普通なら一〇〇万年経っても行かないであろう場所を訪れ物事を進めた。彼女は明らかに、自分のビジネス番組で真面目な側面だけでなく、そんな面白い側面も見せようとしていた。とても嬉しかったけれど、ミッシェルが完成した番組に満足しているのか心配だった。

番組は「キンキーブーツ工場」と名づけられることになった。これはうちの従業員が今や自分たちにつけた名前だ!! もはや村の人たちでさえ、僕らをブルックスではなく、キンキーブーツ工場と呼ぶ。放送はBBC2で、一九九九年二月二四日水曜日、午後九時五〇分からのはずだった。[*1] 真面目な視聴者だけが観るチャンネルで、冬の週の半ば、いわゆるゴールデンタイムではなかった!

シリーズを通して六つある番組で僕らは三番目のはずだった。すでにお伝えしているように、最初の番組は広く知られ予告編が繰り返し流され多くの視聴者を魅了するはずの、それは大規模なものになる予定だった。そう、ロシアでの雑誌『ヴォーグ』創刊だ。豪華なサン・ピエトロ広場での莫大な予算を投じた発表だったはずで、ロシア的な趣はいいけれど、史上最大の視聴者を獲得できるだろうか?

ミッシェルと編集チームは「キンキーブーツ工場」の編集が進むにつれ、実際に何を手に入れていたのか突如として気づいた。作業中みんな笑い転げていた。面白がったり、泣いたり、さまざまな場面で、おぉー、あぁ〜、と驚きや感嘆の声を上げていた。僕らに同情して、僕らと興奮して、そこには成功する番組が有する、あらゆる感情があった。その時、これが単なるビジネス番組以上の、多くの人々に強く訴えかけるものになると彼らは確信した。

ある朝、突然、ミッシェルが電話をかけてきた。「スティーヴ、編集で素晴らしい時を過ごし、完成した番組を観て、これがちょっと特別なものであると考えています」彼女の「ハロー、スティーヴ」という声を聞いた時、その声から何か重要な用件がありそうだと悟った。「このシリーズの編集者ロバート・サーケルと話して、あなたの番組を二番目に放送することにしたわ」

「二番目でも、四番目でも、六番目でも、私にとってはすべて同じです、我々が良い仕事をして工場がうまくいけば、それだけで嬉しい」本気だった。いつ何番目に放送されても、僕は構わなかった。いつ放送されようが、恥ずかしい思いをするだけだから。

というわけで、二番目になった。僕らは靴とブーツを作りつづけ、通信販売の顧客たちとの良い関係を維持し、デュッセルドルフで受けた注文に応えるだけでなくビジネスの面も持続させようと努めた。すると突然、またミッシェルから電話がかかってきた。

「スティーヴ、実に見事な戦略よ。ロバート・リンゼイにナレーションを頼んだわ」

「ロバート・リンゼイ、誰？　有名な俳優のロバート・リンゼイ？　シチズン・スミス？　何年も前のウルフィ？」それは期待していなかった。

「ええ、そうよ。彼のことを聞いたことあります？」

「聞いたこと？　彼に会ったことがありますよ」

かなり奇妙な事実だった。オール・ハローズ・ユース・クラブで過ごした一〇代の頃、僕は実際に「シチズン・スミス」の最初のエピソードのひとつを撮影しているロバート・リンゼイを見に行った。

「それはすごいね、もし彼と話す機会があれば、私は何年も前に会いに来た男だって、お伝えください」僕は笑った。

「ちょっとしたいいお話ね」冗談っぽくミッシェルが言った。この話が、それ以上進むことはないとわかっていた。

約一週間後、彼女はいつものように進捗を伝える電話をかけてきた。

「スティーヴ、良い知らせよ」

「そう、一体何が？」と僕。

「私たちは、もう一度よく考えたんです。あなたの番組は、シリーズの二番目ではなく一番になります」

「あぁ、わかりました」僕の返事に彼女はがっかりしたにちがいない。

「そんなに嬉しくは、なさそうですね」

「まぁ前にも言いましたけれど、六番目でも、四番目でも、一番でも、テレビで放送されるんです。何を大騒ぎしているんですか？」

「ですから、一番ということは、最初の番組なんです」

「だけど、これは最初のシリーズではないですよね？　二回目だ」僕はまだ、何がそんなに特別なのか理解できなかった。

「わからないんですか。すべての広報、過剰な前宣伝、売り込み、報道機関からの注目です」

「あぁ、承知しました、宣伝文数行と写真だけですよね。たいしたことではないでしょう」僕は言った。

「いえいえ、真面目な話、本当に状況を変えてしまうんです。何が言いたいのかというと、我々がロバート・リンゼイとナレーション録りをしていた時、彼は画面の映像に合わせて台本を読んでいたけれど、途中で「終わりだ、ごめん、これ以上はやらない」と言ったんです。私たちは全員辺りを見回して、かなりショックを受けました。何か気分を害してしまったのではないかと思って。問題でもあるのか尋ねました。すると「この番組にふさわしい表現ができないんだ。スティーヴと彼の仲間たちがどうなるのか、自分で見なければ。番組の終わりを見る必要がある。この物語と共に自分たちがどこへ向かっているのか、はっきりしない限り、ふさわしい声、適切な抑揚で取り組めない。これは本当にすごいぞ」と言ったんです。心からほっとしました！」

ミッシェルはとても興奮しながら僕にこの話をした。「ですから、彼の推薦と熱意に基づいて、我々は、あなたがたを最初の番組にすることにしたのです」

「そう！　了解、わかりました、でもどんな報道機関や宣伝広告のことを言っているんですか？」

「スティーヴ、あなたは本当にとことん、忙しくなりますよ。たくさんのインタビューに撮影、ロンドンに来ることになります……」

僕は彼女の言葉を遮り「まぁ、大したことないと思いますよ、水曜夜九時五〇分、BBC2のビジネス番組なんですから。そんなに多くの人が観ることはないでしょう」僕が話していると、電話越しにミッシェルの失望感が溢れ出てくるのを感じた。彼女は僕に期待をもたせ、後で僕は、ひどくがっかりすると確信した。

「スティーヴ、聞いて。この番組は本当に多くの関心を集めているんです。調整室の人々は番組の一部映像を観て、まるで興奮した小学生みたいに、ひたすら飛び跳ねていますよ」

会話は終わり、僕は決まり切った日課に戻り、番組のことはもうそれ以上考えなかった。

数日後、またミッシェルが電話をかけてきた。

「すべて確定です、あなたが一番です」

「はい、わかりました」

「まだ納得していないんですね?」彼女がため息をついた。

「ミッシェル、ここは単なる工場だ。これはひとつの新しい製品系列にすぎない。結局のところ私は、靴を売るためにここにいて、それが私のしていることです」

彼女はまだ、僕が理解することにこだわっていた。「そして、これが私たちのしていることです。オフィスには、あなたの番組を運営する専門チームがいる。あなたには広報担当者がいて、入ってくるものすべてを監視している人もいる。どのメディアからの電話にも、我々からの許可が出るまで出ないでほしいんです」

依然として、ちょっと行きすぎじゃないかと思った。僕は地元の新聞がカメラマンを連れたアルバイトの記者をよこしたり、せいぜいノリッジからやってきた地元テレビ局が二分程度の枠を作ったりするくらいだろうと想像していた。

しかし、ひどい誤算だった。

BBCは広報用資料をあらゆる人に発送した。新聞社、テレビ局、ラジオプロデューサーなどさまざまなところへ。放送日の詳細と赤い足首丈のブーツを履いてひざまずく僕の写真が入ったカードが印刷され送られた。「脚の毛を剃り、六インチのピンヒールで歩けるようになることは、スティーヴ・ペイトマンが家業を守るためにしている二つのことにすぎない」という番組内容で売り込まれていた。

「予告編を作ったので、シリーズを宣伝するため、定期的に流れるようになりますよ」ミッシェルの言葉は、それから何日間も僕の耳に残っていた。そして、その後……

仕事から家に戻り、そんなに時間は経っていなかった。サラと僕は息子のダニエルに寝る準備をさせ、何か食べようとテレビの前に座った。

六時のニュースが世界で起きていることを伝えていた。そして突然、音楽が聞こえてきた。顔を上げると僕をじろりと見返す僕がいた。その時はじめて、ミッシェルのあらゆる売り込みが僕に大きな衝撃を与えた。

サラと僕は口を開け座っていた。僕らは顔を見合わせた。そして、またテレビを見て、また互いを見た。「うわぁ、マジかっ!!」二人とも同時に叫んだ。ブーツを履いた僕がいた。ジェーンがいた。サラとダニエルがいた。キンキーブーツ工場があった。すべてテレビに映っていた。

「こんな時間、誰も観ていないよ、絶対」僕は誰を説得しようとしたんだ？

「そんなわけないわよ」サラは僕の何倍も現実的だった。

数秒の内に電話が鳴った。そして一晩中、鳴った。僕の両親からはじまって、次に友達、その後は他の人たちが「やぁ、元気？　キンキーブーツ」と言うために電話してきた。近所の人はドアをノックして「もう、ずっと黙っていたんでしょ？　ねぇ、話してよ」と言った。

初めてＢＢＣの威力が僕を襲う。それは僕の人生、僕らの生活に入り込もうとしていた。僕は本気で、一度放送されれば人々が忘れてしまうような、ひかえめなものだろうと思っていた。それなのに、もうここで始まってしまった。三〇秒の予告編でこの影響力なら、番組の放送後はどうなるんだ？　背筋の凍る現実が忍び寄りはじめた。それをすぐに知ることとなった。

僕の新しい仕事の世界を垣間見られる番組の予告編が流れたことで、取材が殺到。ＢＢＣから承認されたジャーナリスト、写真家そして撮影隊が毎日ドアを叩いた。

全国紙、カルチャー誌、テレビガイドが電話でインタビューを行なうか、工場にやってきた。毛を剃った僕の脚とハイヒールの靴とブーツに関心が向けられた。一週間くらい、僕は絶えずヒール靴を脱いだり履いたりしていた。
一、二週間後、サラと僕は放送前に番組の試写を見るため、ＢＢＣのあるシェパーズ・ブッシュに招かれた。ミッシェルは受付で僕たちを出迎え、局内を案内してくれた。関係者が付き添い建物を見学したので、本物の有名人のような気分だった。

ロンドンにいたので、僕は何人かの顧客を訪問することにしていた。だからサンプルを詰めた大きなスーツケースを持ってきていた。いつも使っている車輪がキーキー鳴るやつ。

女性スタッフのひとりが後ろから僕の引っ張るスーツケースを指さして面白がっていた。「この車輪は本当にキーキー鳴るんですね。番組用の小道具か、見せかけだと思っていました」彼女は大笑いして「ＢＢＣが、きしみ止めの潤滑剤を貸してくれますよ！」

試写の前に何か食べようと、ＢＢＣの社食に向かうところだった。至る所に音のよく響く長い廊下があって、僕は気づかなかったけれど、スーツケースは硬いタイル張りの床をこすり、ひどいきしみ音をたてていたに違いない。

それはそうと、ある男性が僕に近づいてきて、騒がしいスーツケースを見ると「イライラしないのかい？」と言った。彼が誰なのか不明だったけれど、なんとなく見たことはあった。でもサラは有名人にかなり詳しい。

「誰だったか、わかるわよね？」

「いいや、誰？」

「ジョナサン・ロスだったわ」

「おぉ、どうも友よ、ありがとう！」僕が続けると
「本当にあれが誰だったか、わからないの？」とサラ。

「うん、さっぱり」と僕。

食堂での食事は実に美味しかった。僕は、しょっちゅう辺りを見渡していた。サラが気づいて聞いてきた。「もう、何してるの？」

「セレブ探し」

「あなたの情報量じゃ、どんなセレブでも見つけられる可能性はゼロよ。今だって、あなたジョナサン・ロスを通り過ぎたじゃない！」サラは爆笑。

あいにく、その日のランチタイムの食堂に、少なくとも僕が知っている有名人は誰ひとりいなかった！

その後、上映を観に向かった。大きな講堂へ行くのではと期待していたけれど、到着したのはミッシェルのオフィスだった。彼らが車輪のついたテレビセットを運び込み、カセットをガシャンと入れると、『トラブル・アット・ザ・トップ――キンキーブーツ工場』が流れた。

そこには僕らだけではなく、ミッシェルと制作チームの他のメンバーもかなりいた。番組が流れているとき、僕らは画面を観ていたけれど、彼らは僕を見ていた。反応を見たがっていた。僕が番組に満足することを望んでいた。認めざるをえない、大満足だ！

ビジネス番組だとわかっていたけれど、楽しかった、とても面白かった。それにしてもテレビで自分を観て、自分が話しているのを聞くほど最悪なことはない、本当に。まるで誰かが包丁でガラスを引っ掻いているみたいだった。時々、穴があったら入りたいと思った。

最後にミッシェルが「さぁ？　どうでした？」と言った。

「大丈夫です、はい、よかったです。ただ、ちょっと気に入らないところが」

「どの部分でしょう？」ミッシェルは怪訝そうな顔だ。

「工場の外の場面で、何人かの従業員がタバコを吸っているところが映っていて、嫌でした」

安堵とおかしさを浮かべたミッシェルの表情を、僕は決して忘れないだろう。「それだけですか？」僕らは笑った。

「冗談はさておき、本当は、どう思ったんですか？」

「実のところミッシェル、とても気に入りました。我々の良い面を強調して見せてくれて。不満はありません。まぁ、脚を剃ったボス、一生頭から離れないだろうね。私はこれからは「キンキーブーツマン」として知られることになるけれど、それはよかった」

「あぁ、私も嬉しいです。仕上げるため何度も編集、再編集しなければならなくて、九〇時間の素材テープから始めたけれど、ついに完成させたって私たちは確信しています」

「そうだね、すべて期待していたもの、それ以上です」

これが彼女と制作チームが望む承認のしるしとなった。サラと僕はミッシェルに別れを告げ、その日に入れていた別の打ち合わせに向かった。しかし少し時間が早かったので、カフェに入ってコーヒーを飲んだ。僕らは自分たちに起きたばかりのことを深く考えつづけていた。番組を頭の中で再現し、それを何度も何度も繰り返し、家族、友人たち、そして偉大なる英国国民に、どのように受け入れられるだろうかと、思いを巡らせた。

「単なるビジネス番組だ、大した影響はないだろう」依然として、自分自身に言い聞かせようとしていた。「誰かが観て、それで終わりさ。一時的なもの！　取引の後押しをするかもしれないけれど、それだけだ。そもそも、誰がＢＢＣ２のビジネス番組なんて観る？」

当時は、今のように視聴できるチャンネルが何十もなく、ほとんどの家庭には、ＢＢＣ１と２、ＩＴＶとチャンネル４、それだけだった。

だけどもしかして、ちょっとセクシーな番組があったら、たとえ、それがＢＢＣ２だったとしても、みんなは観るかな？

本当に、観るかな？

「脚の毛を剃り、六インチのピンヒールで歩けるようになることは、スティーヴ・ペイトマンが家業を守るためにしている二つのことにすぎない」

ミッシェル・カーランド

13 キンキーブーツマン誕生

さて、僕らはBBCで番組を観て、非常に満足した。本当の試練は、これから始まろうとしていた。

突如として番組情報が全国紙やさまざまなテレビガイドに掲載されはじめた。足を運びすべて買った！　キンキーブーツが出ていれば、手当たり次第に買い漁った。あらゆる雑誌や新聞の一九九九年二月二四日水曜日の欄には、キンキーなブーツか靴を履いて立つ、僕の写真が載っていた。

BBC2で水曜夜九時五〇分に放送されるビジネスドキュメンタリーに興味をもつ人なんて、それほど多くはないだろう、僕はかなり確信していた。自分が通常、観たくなるようなものではないと思っていたから。そんなわけで、いろいろな意味で、僕は結構のんびりしていた。

面白半分で、家に何人か友人を招いて、飲んで食べて僕が完全に笑いものになるところを観る機会を作ろうとした。もし友人一同を部屋に同時に集められれば、少なくとも、からかわれることを一度に済ませられる。

でも、それは実現しなかった。ミッシェルが電話してきて「いいですかスティーヴ、二四日、あなたがここに必要です。その日いくつかのインタビューを受けて宣伝活動をしてほしいんです」

僕の心は沈んだ。「あぁ、それは困ります！　ミッシェル、私はもうここで、ちょっとしたパーティーを計画しているんだ、友人や家族と一緒に番組を観られるように」

「すみませんスティーヴ、あなたが本当に必要なんです。少し苦痛に感じるかもしれないことは、わかっています。でも、受けてほしい大きなインタビューがいくつかあるんです」可哀想なミッシェル、申し訳なさそうで、明らかに口論する雰囲気ではなかった。こうして、サラが家でパーティーをしなければならなくなった、僕抜きで！
一九九九年二月二四日水曜日、決戦の日！『トラブル・アット・ザ・トップ』の放送日だ。いつものようにＢＢＣがロンドンへの電車代を出してくれた。ミッシェルからモデルを連れてくるよう頼まれて、前にも手伝ってくれた地元のダニエルが引き受けてくれた。

この日中、数件のインタビューが組まれていて、なかでも重要なのはシェパーズ・ブッシュのテレビセンター地下にある「小道具」店でサイモン・ビアジ[*1]と行なうものだった。その夜に放送される『トラブル・アット・ザ・トップ』の一〇分間にわたる宣伝だ。

ダニエルと僕がキンキーブーツを履いてうろうろ歩き回り、質問に答えるインタビューで、主に脚の毛を剃ったことに関心が向けられた。それは当時、男性ではかなり奇抜なことだったから！

ＰＶＣのブーツで驚かせたものの、インタビューはうまくいった。僕らの滞在には、テレビセンターのすぐ近くにある小さな安宿が用意されていた。いわゆる「ビジネスホテル」、言い換えれば、ロンドンで安価な寝床を必要とするドライバーや営業担当者、セールスマン向けの場所だった。

受付でチェックインした。「ごゆっくり、おくつろぎください」鍵を渡しながらカウンター越しに男性が言った。僕には聞かなければならない重要な質問がひとつあった。「部屋にテレビはありますか？」

「すみません、残念ながらありません。ラウンジには一台あります」男性は申し訳なさそうに言った。

「今夜、あの〜、そのテレビを予約するようなことは、できますか？」かなり変なお願いであることは重々承知だったけれど、何よりダニエルに番組を観てほしかった。

「もちろん」その男性は答えた。「なぜですか？　何か特別な番組でも？」

少し恥ずかしかったけれど「はい、そうです。私に関する番組です！」

「おぉ！　そうですか！　私も行けそうだったら、観に行きます」彼は顔を輝かせた。「今夜は、数名の男性客のみです。

みなさん出かけるでしょうから、二人の貸し切りになるはずですよ！」

やったぁ！　それがわかって嬉しかった。荷物をそれぞれの部屋に運び、ミッシェルが我々を食事と別のインタビューに連れ出すためやってきた。今回はラジオ用なので、そんなに時間はかからないはずで、当然ストレスは少ないだろう。少なくとも僕はそう思っていた。

スタジオには行かないことが判明した。それは「生放送」インタビューで、番組の割り当て時間によって食事の最中または食後に、携帯電話で行なうようだ。

そのレストランは、とても美味しいイタリア料理を出す明らかに人気店だった。良い雰囲気で、食べて飲んで楽しい時を過ごす多くの客で賑わっていた。

ミッシェルが携帯電話を僕に渡した時、運よく食事は終わっていた。「はい、どうぞ。もうすぐ出番だって、彼らが電話で伝えてきたわ。電話がかかってくる前に、どこか静かな場所を探しに行かないと」

「えっ、ここで？」僕は信じられなかった。「このレストランの中で？　ちょっと騒々しいですよ」

「トイレはどうかしら？」彼女は笑った。

この店はシェパーズ・ブッシュ中心部にあるとても小さなイタリアンレストランで、その頃には混雑してきていた。他にどこも見つけられなければ、もしかしたら取材場所は、男性用トイレになってしまうかもしれない。

だから僕は男性用トイレと女性用トイレの間にある狭い通路に立って、電話がかかってくるのを待った。ダメだった、うるさすぎるし、人目につきすぎる。若い女性が数人、おしゃべりしながら通り過ぎていった。騒音がないところ。選択肢はなかった、僕は男性用トイレに入るしかなかった、マジで！　なかにはすでにひとりいて、その直後ドアが開き、もうひとり入ってきた。

電話が鳴った！　出なくちゃ、とにかく「生放送」インタビューだ。「いやぁ、すみません」宙に向かって言った！「申し訳ない、どこか静かな場所を探しているんですが、私の声は聞こえますか？」

二つの頭が、僕の方に半回転した。彼らは気にせず、他のことを考えていた。僕は電話の向こうの声に耳を傾けた。「スティーヴ・ペイトマンさんですか？」

「はい、そうです、私です」この二人が早く出ていくのを願いながら、答えた。

「よかった」その声が言った「では調整をしましょう。「朝食には何を食べましたか？」」音量調整のため、インタビュアーがいつもこの質問をしてくることを思い出した。「コーンフレークとトースト」電話口を片手で覆いながら答えた。

二人の男は頭をぐるりと回し、何をやっているんだという感じで僕を凝視し、睨みつけた。もちろん、僕が質問に答えているなんてことは知らない、会話の片方しか聞いていないんだから。そして、インタビューが始まった……。

「あぁ、そうです、私は脚の毛を剃らなければなりませんでした」話しながら、絶望するかのようにしかめっ面になっていくのを感じた！

矢継ぎ早に質問され、答えていく。

「はい、キンキーブーツのモデルをしました」

「はい、PVC、革、ヒョウ柄プリントの素材です」

「はい、四・五インチヒールの太ももまであるブーツを履いて」

「もちろん楽しみました、大好きなんです」

新たに獲得した二人の観客は、互いに目を合わせ、振り返って僕を見ると、嫌悪感で団結しドアへと向かった。彼らが考えていたことを容易に想像できた。そそくさと出ていく際、ひとりがあざ笑い言った。「いいかげんにしろ、変態！どこか他人がいないような場所で、その卑猥な会話をできないのか？」

特徴のない声が電話からさらに質問を投げかけてきたので、僕はただ微笑んだ。インタビューはうまくいった。よかった。シュールだったけど、よかった。

ミッシェルとダニエルのところに戻るのは、難局を切り抜けるような感じだった。すべての眼が自分に向けられているような気がした。まったく悪気のない僕の一方的な会話を偶然にも聞いてしまったあの二人の男たちは、テーブルで他の人たちに一部始終を話したりしたのだろうか？

「こんなこと二度とさせないでください」ミッシェルに激怒したふりをした。「あの隅にいる男らは、インタビューの受け答えを聞いて、私がロンドンで一番の「変態」だと思っていますよ！」

「あら、聞きたくて居座っていたんじゃないですか？」彼女は完全に面白がっているようだった。

「別れのあいさつ」を交わし、ミッシェルに乗せられたタクシーでホテルに帰った。もう九時半だった。

受付で僕はダニエルの方を向き「自分の部屋へ戻りたい？　それとも、大丈夫かな？」「大丈夫です」

どっちへ行けばいいのだろう、辺りを見回した。片方の端を一本の釘で留めている室名札があった。傾いていて、床の方を指していた。「ラウンジ」。それを見て二人で笑った。そこへ向かい、ドアを開けた。

「えっ、嘘だろ！」僕は息をのんだ。テレビラウンジには男たちが何人かいた。ただの男たちじゃない。六人のがっしりしたデカい奴ら。足場職人。彼らはテレビに吸い寄せられていた。ＵＥＦＡ（欧州サッカー連盟）の試合だった。ラウンジに座り、熱心に観戦していた。

「あぁ！」僕は、またつぶやいた。彼らは振り返り、まるで僕が秘密情報部の会議に許可なく入ってきたかのように、睨みつけた。

「何か用か？」無愛想な職人が言った。

自分の声が突如として萎えるのを感じた。はっきり言おうと頑張った。

「マネージャーと話して、彼から……私は……ＢＢＣ２の……番組を……観られると言われました」

「俺たちは、フットボールを観ている」別の男が唸った。「どうしたい？」

僕は背筋を一八八センチまで精いっぱい引き伸ばした。「あの、実は、私に関する番組なんです」よし、言ったぞ、そして待った。反応なし！「キンキーブーツ、セックス・クラブ、モデルたちに関する番組です。ダニエルは、そのひとりで、それから……」

ダニエルが腰をくねらせながら僕を通り過ぎ、男たちの前へ歩いていった。それは彼女の長い脚、ミニスカート、タイトで露出度の高いトップスが関係しているのかもしれない。「ハーイ、ボーイズ」長い髪を肩の方にかき上げながら彼女は言った。

すぐに下水管をネズミが登るように、ボス職人が立ち上がり、テレビのボタンを押した。「BBC2って、言ったよな?」

他の男たちはソファの上で押し合い、ダニエルが座る場所を作ろうと互いに争っていた。この瞬間から、我々は彼らを手のひらで転がした!

その時、番組が始まった。『トラブル・アット・ザ・トップ』。僕の番組。僕の物語。そして僕は何をしたか? テレビではなく六人のいかつい男たちの顔を、この四〇分間見つづけた。彼らは魅了されていた。大声で笑い、おぉ〜とかあぁーとか声を上げ、僕の恥ずかしい場面ではしかめっ面をした。でも本当はどう思っていたんだろう?

クレジットが流れて番組は終わった。どう理解したんだろう? 生きて帰してくれるだろうか? 僕はすぐに知ることとなる。

タトゥーだらけの毛深い腕、大柄でたくましい軍団のボスが黙って立ち上がった。彼はテレビに向かって歩き出し、スイッチを切ると僕の方を向いた。

僕は震え上がった。できるだけ小さくなろうとしていた。彼が僕に向かって歩いてきた「殴られる」そう思った。とても大きなゴリラのような職人の手を、彼は差し出して、僕の手を掴んだ。

「おまえ」僕の手を力強く握り、言った。「とんでもなくスゲぇ。どうやってあの中に入っていった? これしか言えねぇ、あんた、度胸あるな!」

それで終わり。僕らは付き合いの長い友のようだった。彼らは缶ビールを数本、入手した。質問が飛び交う、男たちは熱かった。

詳細を根掘り葉掘り尋ねてきたので、結構長い会になった。

「どんな経緯で参加したの? 兄ちゃん」ひとりが言った。

「モデルたちのこと、どう思ってんだ?」と別の男。

「番組作りは、どんな感じだった?」三人目が口をはさんだ。

「写真撮影と裸のお姉ちゃんたちは?」と大柄男。

一瞬の静寂。その後、最も洒落た格好をしていた男が、かん高い声で急にしゃべりはじめた。「実際のところ、ブーツを履くって、どんな感じでしたか?」

他の男たちが全員、その場に足を止め、振り返って彼を睨み、ビッグ・ボスが言った。「おめぇ、どういう意味だ「ブーツを履くって、どんな感じ?」って。おまえブーツが欲しいのか? 俺たちになんか言いたいことでもあんのか?」彼をだしにして、みんな大笑いしていた。

最終的に僕らは口実を作り、彼らを残して上の階へ行った。

「異様だったと思わない?」僕は自分の部屋へ向かうダニエルに尋ねた。「異様っていう言葉は、違う気がします。私は、あの人たちがあんな反応をするなんて、思ってもいなかった」

「僕も。他にどんな驚きがあるんだろう、気になるよ。おやすみなさい」

僕らは、すぐに知ることとなった!

夜中の一二時、僕はベッドに潜り込んでサラに電話しようとしたところ、彼女に先を越された。

「私たち、何をしたのかしら?」不安げに動揺した声でサラが言った。

「どういう意味? 僕らが何をしたって?」許されざる罪でも犯してしまったのかと思った!

「番組のテロップが流れてから電話が**鳴り止まないの**。受話器を置いた瞬間、また鳴り出して、もう真夜中よ、受話器を外したままにしなくちゃダメね。わかっていると思うけど明日は仕事だし、少し寝ないと」

「大変だったね、お疲れさま! 僕らが想像した以上の反応だった。もう寝て、朝に電話する。その頃までには状況が落ち着いていることを願うよ」

やがて僕はぐっすりと眠り、携帯電話で起こされた。再びサラだ、受話器をもとに戻した途端、電話は再び鳴りはじめているらしい。友人や家族が、それこそ何年も会っていない学友や人々までもが、電話帳で僕らを見つけ出し、お祝いの言葉を述べるためだけに突然電話をかけてきていた。彼女は、これ以上我慢できないので、我々の電話番号を電話帳から「削除」しなければ、と断言した！

それ以上話しはできなかった。ダニエルと僕は地味な仕事の世界に戻るため、早い電車に乗らなければならなかったから！　朝食をとりながら昨夜の思いがけない出来事を振り返っていると、電話が鳴った。ミッシェルだった。

「どうでしたか？」彼女は興奮しているみたいだ「気に入りました？」

「あぁ、まぁ」あまり考えずに、僕は答えた。

「まぁ、ってどういう意味ですか？」彼女の声に落胆が混ざった。

「ええ、無事に楽しみましたよ、でも、最高に異常な夜になったので」

僕は、私的にテレビを観られなかったこと、足場職人たちのこと、彼らの予想外の寛大さについて伝えた！　彼女はその反応に対する驚きに共感し、彼女の方に何が起こったのか、伝えたくて仕方がないようだった。

「信じられないかもしれないけれど、ここにはとてつもない反響が寄せられているんです」シャンパンのボトルさながらに彼女は沸き立っていた。

「BBCの電話交換台はてんやわんやの大騒ぎになっています！　視聴者が電話をかけてきて、あなたのことをもっと知りたい、どこにいるのか、どこで商品を買えるのか、問い合わせてきています。何か聞いています？」

「はい、サラが夜中に電話してきて、ものすごい数の電話がきていると。電話帳から番号を削除すると宣言しています！　私たちは……」最後まで話せなかった。彼女が再び話をかぶせてきた。

「お気の毒ですが、有名税ね！　最初の視聴概算は三〇〇万台をはるかに超えているとのことです、素晴らしくないですか？」

「あぁ、そうですか」さしあたり、数字は僕にとってたいした意味をもたなかった。「それっていいんですか？」

「今までこんなに高い数字を取ったことはありません。通常、視聴者数は大体二〇〇万程度ですから。最終的な数字は含まれていないし、総数では、もっと高くなるかも」

僕は、まだ現実から目を背けていた！　肝に銘じていたのは、それが水曜夜、ＢＢＣ2のビジネス番組だったってことだけ。視聴率にほとんど影響を及ぼさないだろうと、依然として思い込んでいた。

「また連絡しますね」上機嫌でミッシェルは電話を切った。僕らは荷物をまとめ、地下鉄の駅へと向かった。

ラッシュアワーでロンドンの地下鉄はフル稼働だ。隣同士の席を見つけるのは、とりわけ荷物の多さもあって至難の業だった――ほとんど僕の荷物！　リュックサックと、きしむ車輪の頼りになるスーツケース……そこには数枚「ディヴァイン・フットウェア」のステッカーも貼ってあった。

誰かが僕を見ている、突如としてそんな奇妙な空気を感じた。向かいの男が、ダニエルと僕、そしてスーツケースに貼られたステッカーを凝視していた。礼儀正しい田舎者の僕は「どうも、お元気ですか？」と声をかけた。

変わった人でもない限り、大抵の人はロンドンの地下鉄の車内で誰かに話しかけたりはしない。だから返答を期待していなかった。

「お会いしたことありませんか？」と向かいの男。彼は確実に過ちを犯していた。

「ないですね」僕は興味なさそうに言い、視線をそらせた。「ありませんよ、私はここ出身ではなく、ノーサンプトンシャー州出身です」だが、彼はしつこかった。

「いや、私はあなたを知っている、あなたテレビに出ていましたよね？」

ダニエルが肘で僕をそっと突いた。

「わかった」男が言った。「あなた、キンキーブーツマンでしょう？」

「何？」と僕。

「そうだ、そのきしむ車輪のスーツケースとステッカー」彼は続けた。「昨日の夜、あなたを観た」

僕は降参して、認めざるをえなかった。

すると彼は車内を見回し、考えられない行動に出た。隣の人に話しはじめ、次に逆隣の人へ、そしてすぐにすべての乗客に向かって叫んでいた。何を叫んでいたかって？「彼は、昨日の夜テレビに出ていたキンキーブーツマンです」

たちまち車両内は、観た観た、と言う人々で盛り上がった。みんな番組を振り返り、僕に質問してきた。とても信じられず、驚きだった。

ダニエルと僕は、こうした会話が周りで交わされるなか、そこに座っていた。降りる駅に着いた時、ただ静かに立ち上がり、あまり不格好に見えないよう心がけながら荷物を運び出した。振り返り、集まった移動中の英国民に「さようなら、またね！」と言った。

ありふれた朝のラッシュアワーに全員がわらわらと散りはじめると、「バイバイ、キンキーブーツ！」という声が車両の周りに溢れた。

背後でドアが閉まった。僕らはバッグを床に降ろし、互いを見た。ただ大笑いして、でもすぐに、たまらなく不安な気持ちになりはじめた。

「一体、何が起きているんだ？」言葉が見つからなかった。

「信じられない」ダニエルも同じ様に困惑していた。

どうにか時間どおりに、セント・パンクラス・メイン・ライン駅のホームに着いた。列車が発車するとすぐ、五分ほど眠ることにした。運がよければ、歓迎であろうとなかろうと何からも邪魔されず、ここからの五〇分間を過ごせるはずだ。

まだ目を閉じていた時、車掌が車内を巡回しながら改札業務をする音がした。僕は財布を手に持ち用意はできていた。すると突然「すみませんスティーヴ、切符を出してください」驚きビクッと起き上がった。

「何でしょう？　私……」耳を疑った。きっと彼は誰か他の人に話しかけているに違いない。が、そうではなかった！

「切符はお持ちですか、スティーヴ？」車掌は僕に話しかけていて、名前を知っていた。

「私をご存じで？」帰りの切符を財布の中で探しながら言った。

「ご存じ？」歯を見せニヤッと笑いながら、彼は言った。「あなたが思ってるより、知っていますよ。あなたは昨晩、テレビで赤裸々に語られた。あなたは、キンキーブーツマンです」またしても僕は、ただ信じられなかった。

「面白い」彼は言った。「お見事」

それからまるで何年も前からの知り合いのように、数分間、会話をした。

この短時間の交流のおかげで一日中楽しかったとでも言うように、彼は切符を確認し、そこにペンで走り書きをして去っていった。

列車はルートンに到着。ダニエルが窓の外を眺め、「スティーヴ、あそこを見て」と、くすくす笑いながら言った。

またもや喜劇は続いた。車掌は明らかに、車内を回りながら全員に話したのだ。今や、通り過ぎる人々の群れが、じっとのぞき込み、手を振り、「最高」と親指を立て、僕らに向かって叫んでいた。

列車が動き出すと電話が鳴った。父だった。

「どこにいるんだ?」怒鳴っていた。

「電車の中。ちょうどルートンを出たところ」列車内で電話で話すのが大嫌いなので、かすれたささやき声で対応した。

「そうか、とにかく大急ぎで戻れ。現場は大混乱だ」確実にいらだっている。

「なに、何が起きたの?」僕はパニックになりながら言った。

「今朝来てみたら、ファックスは紙切れだ。床中にファックスが散乱していて、電話は鳴りっぱなし、常に誰かがかけてきてカタログを欲しがる、今朝は今まで何もしてない、おまえの新しい客をかわすこと以外は」

だから僕は、ウェリングボロー駅に着いて工場に戻る頃には、葉っぱのように震えていた。

オフィスは、ファックス用紙で埋め尽くされていた。「これ全部、見ろ」父はそう言い、紙の山を指さした。「ここにひと山、あそこにひと山、すべて注文と問い合わせだ。ファックスの巻紙を三回も換えなければならなかったんだぞ!さらに買いにも行かせた」

人々がどれだけ必死に、我々に接触しようとしていたのか、僕たちは知らなかった。彼らは電話番号案内に殺到して、電話が繋がりにくい状態になっていたことを後で知った。僕らの居場所を特定するため、番組の映像を一時停止にしていた人たちもいた。躍起になるあまり、ノーサンプトンにある「ブルックス・ブックス」と呼ばれる別の会社にまで電話している人たちもいた。ありがたいことに、その会社の人たちはわりと面白がって、僕らの番号にかけ直すよう伝えてくれていた。本当にクレイジーだった。

それから一週間程度で電話とファックスは落ち着いたけれど、注文やカタログ請求だけでなく、驚くことに、同じような立場で生き残りをかけ悪戦苦闘している全国の中小企業から、たくさんの手紙が届いていた。

番組の成功を祝う手紙もあれば、彼らが直面している問題を綴った手紙もあった。大企業、中小企業、製造業、家族経営など――あらゆる事業から手紙が届き、番組は多くの人々の琴線に触れたようだった。

さらに、花、チョコレート、お祝いのカードを送ってくれた人々もいた。僕らはこうした結果を信じられなかった。ウェリングバラの市長からもお祝いの手紙が届いた。

番組に対する世間一般の反応は、多くの人々の胸に響いたというものだった。僕らが不利な戦いに挑み、避けられない状況に立ち向かった事実は、何か新しいことに挑戦する人々を鼓舞し勇気を与えたようだ。

それはとても感動的で背筋が伸びることで……非現実的だった。僕らが受け取った何百もの手紙、カード、電子メール、ファックス、電話、それらに否定的なものは、ひとつもなかった。大衆は温かく受け入れてくれた。キンキーブーツ工場はついに認められ、BBCのおかげで信頼性と承認を得た。

「キンキーブーツ」と「キンキーブーツ工場」の誕生だった。

それだけでなく、新たなあだ名「キンキーブーツマン」を僕は手に入れた。


「サイブーツを履いた男は、ウェーダーを履いた男と同じように、受け入れられるべきだ！」

スティーヴ・ペイトマン

14 キンキーブーツで一歩踏み出す！

一九六一年、新しい連続ドラマがテレビで始まった。「おしゃれ㊙探偵」と呼ばれる番組で、主演のイアン・ヘンドレーがデヴィッド・キール医師役、助演のパトリック・マクニーがジョン・スティード役だった。この番組はたちまち成功を収め、その後八年間にわたって世界九〇カ国で人気を集めた。

おそらく番組最大の変更は一九六四年、シリーズ1の後にイアン・ヘンドレーが番組を離れパトリック・マクニーが主役になった時だ。シリーズ2での彼の相棒はキャサリン・ゲイル医師を演じるオナー・ブラックマン。彼女はすでに定評のある女優だった。実際かなりのスターで、ボンド映画『ゴールドフィンガー』に参加するため降板したシリーズ3終了時まで、ずっと相棒役を務めた。

黒革の衣装に黒革のロングブーツを履いたキャシー・ゲイル／オナー・ブラックマンの画期的なイメージは、彼女を非常に象徴的な存在にした。黒革にはファッションを通じた自己主張として独自性が与えられ、ブーツは欲望の対象となった。

パトリック・マクニーとオナー・ブラックマンは、「キンキーブーツ」という新しい用語をタイトルに入れたレコードまで出している。最初に発売された一九六四年にはヒットしなかったけれど、一九九〇年に再発売されると英国のトップテンで五位になり、その座に七週間とどまった。

つまり、キンキーブーツはすでに存在していた。そして子どもの頃、僕は「おしゃれ㊙探偵」をよく観ていた。おそらく黒いロングブーツを履いたキャシー・ゲイルのことが潜在意識の奥深くに植え付けられていたんだと思う。

僕の「ディヴァイン」ラインの靴は、うちの従業員のおかげで「キンキーブーツ」と名づけられ、それが定着した。そしてBBCテレビのドキュメンタリー放送後、僕はキンキーブーツマンと呼ばれるようになった。

このあだ名と、それが運んでくる名声を僕は好んだ。どこへ行っても、人々は僕をテレビ番組で見覚えのある人とわかるようだった。彼らはブーツや会社のことを、加えて僕のことを知りたがった。しばらくの間、たぶん僕は大したことのない「有名人」だったと思う。それは道行く人々だけではなかった。あるときバーで飲み物の列に並んでいると、バーテンダーが客の頭越しに視線を送り「ねぇ、そこの「ミスターキンキーブーツマン」何を飲みます?」と叫んだ。

はっきり言って不意を突かれ、当惑した。集まった酒飲みたちに向かって彼が「ちょっとみんな、「ミスターキンキーブーツマン」が、ここにいるぜ」と叫んだ時には、さらに恥ずかしかった。

気づかれるのを可能な限り楽しんだけれど、それは二つの側面をもつ。初めのうちはとても嬉しいけれど、知られたい気持ちと同じくらい、次には知られたくないと思う。

当然、生まれ故郷の村アールズ・バートンやノーサンプトンシャー州のあらゆる場所では、僕は一夜にしてちょっとした有名人になった。地元のあらゆる新聞と雑誌が工場と僕の話を特集記事にした。二つの地方テレビ局、BBCイーストとITVアングリアが撮影にやってきて、BBCと地元民放ラジオ局のインタビューを受けた。アールズ・バートン教区雑誌までもが取り上げた!

本物の有名人は僕よりはるかに悲惨だ。計り知れない名声を享受し、それを失った時、悪魔が出てくる。ひどい「B級」クイズ番組にゲスト出演するような愚劣なことをしたり、キャリアを建て直そうと無駄に突然ジャングルに出かけていったりする。有名人の社会的地位は非常に気まぐれな友だ、評価は最近の広報の成功で決まるのだから。

僕にとって認識されすぎることは、常にキンキーブーツ、仕事、脚の毛を剃ること、自分自身について話さなければならないという意味でもあった。自慢しているような気がしてむしろ気まずかった。最近ではやっと、たとえ人々から「どこかでお会いしませんでしたか?」と聞かれても、そんなに気にならないし、結構嬉しい。今は気づかれることは心地よく、語るのも大好きだ。でも依然として「得意げに自慢している」みたいな後ろめたさは、ずっとある！

テレビ番組と新たに見出した「名声」の結果として、僕の人生に新たな、そして今や非常に多忙な一面が生まれた——アフターディナー・スピーチ[*1]だ。

驚くかもしれないけれど、さまざまなクラブや団体が僕に講演を依頼し、大学やカレッジからも招かれ、ビジネス革新者として我が人生を語った。

最初の約束は、ある種の強制の下、交わされた！

僕は「ラウンド・テーブル」[*2]のウェリングバラ支部に所属していた。それは、元々は英国の、今や国際的な男性だけの組織で、一八から四〇歳を対象に、「国際ロータリークラブ」と多くの点で似ている。毎週の会議や社交行事に加えて、地域社会、慈善活動、価値ある目的のため数多くの募金活動をしている。

ある日、エセックスに引っ越した仲間のマイクが電話をかけてきて「スティーヴ、お願いがあるんだ。次の夕食会のゲストスピーカーを探している。有名人が必要で、君のことを思いついたんだ」と言った。

「まず自分は有名人じゃない、次に人生で一度もアフターディナー・スピーチをしたことがない、最後に何について話せばいいんだよ?」と僕。

「どういう意味?」彼は電話越しに大声で「最近テレビに出ていなかった? みんな、君とキンキーブーツの話をしているよ! それに、とにかく、僕らはこれまでのスピーカーにがっかりさせられていて、僕が唯一やってくれるんじゃないかって思いついたのが君だ。講演料は出すから!」

「それ本当に、僕じゃないと思うよ」弱音を吐いた。「うまくできるとは思えない、人前で話すのは苦手だし」

「何言っているんだよ、集会の時はいつもしゃべりっぱなしだろ。みんな、君の話を聞きたいんじゃないかな」そして、要求だ。「ブーツを履いた魅惑的なモデルさんを連れてきてくれよ、みんな喜ぶだろうから」

「ちょっと考えさせて、また連絡する」時間稼ぎに言ったけれど、それをするつもりは毛頭ない、僕は確信していた。

多少なりとも真剣に考えてみたら、次第に考えが変わってきた。彼は仲間だが、とにかく彼を除けば聴衆の中に知り合いはいない。つまり、たとえ大失敗してもこっそり立ち去ればいいし、どの聴衆とも二度と会う必要はない。

その後、マイクから二度目の電話があった。とにかく必死で、僕に選択の余地はないと悟った。仕方なく同意せざるをえなかった。

その日がやってきた。僕は我が社のモデルを前にしてくれたことがある地元のモデル、ケイティ・アン・デイに、夕食を挟んだ少し珍しい行事に興味があるか尋ねていた！ 彼女は「ページ3ガール」[*3]を務めたことがあって、そういうことをするのが大好き、と言った。僕らは午後遅く、エセックスへ車で向かった。

会場は四つ星ホテルで、シングルルームが二部屋、僕らに予約されていた。夕食の前に軽く飲むため着替えた。僕はブレザーにネクタイ、彼女は、厳密に言うと服は着ていない、裸に近いホットピンクのかなり露出度の高いドレスにセクシーな靴を履いていた。

スピーチの補助と話が尽きた時に備え、箇条書きでたくさんのメモを作り、すべてが失敗した時のバックアップとして、最初から最後まで話すことすべてでも書き出した。その間ケイティ・アンは、あえて気を散らせるため、ポーズをとったり歩き回ったりして、哀れなご老人たちを目覚めさせ、僕への注意をそらせつづけた！

マイクは司会進行役だった。最初の開会のあいさつとお知らせの後、夕食をとりはじめた。八時半の時点で、まだ前菜を食べただけ、ビールは瞬く間に飲み干され、聴衆の男たちは泥酔して頭がふらふら、僕の緊張は激しく高まっていた！

話をする予定の九時半になっても、まだテーブルのデザートは片づけられていなかった。マイクの方を向いて「僕の出番はいつ？ みんなベロンベロンに酔っ払ってきているし、コーヒーを飲んで、トイレ休憩にしない？」と頼んだ。

「心配するなって、わかった、トイレ休憩をとって、君が話している間に、我々はコーヒーをいただくことにしよう。それで問題ないはずだ。君が奴らを爆笑させるぞ」

そう言うと彼は立ち上がり「お静かに」と叫び、持っていたパイントグラスをテーブルに強く叩きつけた。彼は自分の力をわかっていなかった。グラスは粉々に砕け散り、破片がそこらじゅうに飛び散り、最後に残っていたビールは彼のジャケットにかかった。

　ホテルの従業員が助けに駆けつけた。割れたグラスを片づけ、聴衆は千鳥足でバーやトイレに向かった。マイクは生気のない目で、パイントグラスの取っ手だけを握り締めたまま座っていた。

　やがて全員が再び席に着き、テーブルは片づけられ、接客係がコーヒーを提供した。マイクは僕を紹介できるような状態ではなかったので、講演者としてデビューするため、立ち上がった。

　ズボンの下にラグビー用の短パンを履いていた僕は、誰にも見られないように、テーブルの下でズボンをずり下ろし、ヒョウ柄の太もも丈ブーツを急いで履いていた。それが「場の緊張を解きほぐす」役目を果たすと思ったので、みんなに履いているものが見えるように歩き回った。驚いて絶句する人、口笛を吹き鳴らす人も数名。

　部屋の後方にある二、三のテーブルでは、ほとんど酔っ払いの客たちがまだ深酒していた。一方で前方のテーブルにいるのは、明らかに僕の一語一句を聞こうとしてくれている、かなり紳士的な人たちであることが判明。彼らが僕の主な聴衆になった。

　おどおどしながら話しはじめたけれど、だんだん自信がついてくると、すらすらと良い感じで流れはじめた。すると話の途中で僕は、口を閉じなければならなくなった。

　バーのスタッフが入ってきて、完全に僕を無視して、勝手に食事をする場所の真ん中に立って大声で叫んだのだ。「ラストオーダー。バーはラストオーダー」そしてまた歩き去った！

　その時、酔っ払った客たちのラグビースクラムはドアの方へ押し寄せ、ケイティ・アン・デイのグラマラスでセクシーなポーズでさえ、この流れを抑えられなかった。僕が話を終わらせようとした時に残されたのは、誠実な聴衆がいる二つのテーブル。これが、初めての人前で話す経験だった。

　驚くことに前方にいた人たちは、話が終わると盛大な拍手をしてくれて、多少困難な状況下で、よくやったと支持してくれた。明らかに彼らは話を気に入り、その場で何人かが、自分のラウンド・テーブルの支部に来て講演しないか、と声をかけてきた。それ以来、口コミで僕は全国を回り、大抵は中断されることなく、キンキーブーツにまつわる愉快な話を届けた。

次第に「ラウンド・テーブル」の男性たちは、女性だけの「レディース・サークル」と呼ばれるクラブを持つ妻たちに話し、まもなく、ロータリー、インナー・ホイール、女性協会、マザーズ・ユニオン、その他グループの運営者が、僕のことを聞きつけ講演に招いてくれた。

回を追うごとに講演は、より肩の力を抜いて楽しめるものとなり、僕が説明する状況は充分に面白かったので、軽い冗談に頼る必要もまったくなくなった。結局、現実ほど面白いものはないのだ。

グループに対してだけでなく、ウェストミンスター・ホールで話したり、質疑応答のパネリストを有名人と共に務めたり、BBC『トラブル・アット・ザ・トップ』のビデオを購入し教材として利用している大学、カレッジ、学校などアカデミックな世界で登壇したりした。

このビデオは経営学の授業の教材として、我が息子ダンの学校でも毎年、使われていた。番組が撮影された時、ダンはぬいぐるみを抱えて走り回る二歳児として映っていた。毎年ビデオが鑑賞され、ダンが学校で進級していくと「ベイビー・ダニエル」はからかわれたが、身長一九五センチでラグビーのフォワード、セカンドローにつくと、突然それは止んだ!!!

スペイン靴連盟の会合で講演するため、スペイン行きを頼まれたこともあった。そこでは少し英語を話す聴衆もいたけれど、僕の言葉はスペイン語に同時通訳された。

あいにく他の登壇者たちの話は長引き、通訳者が「私は飛行機に乗るため、五時に出なければなりません。ですから講演の長さを一五分ほど短くしてください。さもないと最後の部分は訳されなくなります」と精一杯の英語で、僕に向かって言った。そこで彼女の早退に合わせ、必死に自分の話を削った。

これは今までで一番難しい講演だった。スピーチがスペイン語に訳される間、自然な時間の遅れが生じるから。通常なら問題ないけれど、僕の話は（うまくいけば）笑いを取るような、たくさんの面白い瞬間を頼みとしていたので、落ちを言った時に寒々しい沈黙があると、ものすごく焦って、慌てふためいて次の話題に移った。すると突然、一〇秒後くらいに通訳が落ちを伝えるのだ。

不適切な場所で起きる笑いほど、戸惑い恥ずかしいものはない。だからしばらくして、とっさに通訳者のスピードにあわせて、自分の話を進めなければならないと気づいた。

こうした話の他に、僕は、また別のまったく新しい一般のグループからも招かれた。具体的には、より私的でセクシーな集い、スウィンガーズ・クラブだ。

お客さまのひとりが、ロンドン付近にあるスウィンガーズ・クラブの常連で、工場にブーツを買いに来た。

「ねぇスティーヴ、僕らのクラブへ来るべきだよ、みんな、君の話を聞きたがっているよ」

「たぶん、お役には立てないですよ。スウィンガーズ・クラブのこと、何も知りませんし」僕は、ためらいがちに言った。「どこにあるのかも、知りません」

「どこにでも」彼は素早く返答した。「どこにでも、きっと、どの町にもスウィンガーズ・クラブはありますよ」

そうなの！　そんなこと、考えたこともなかった。でも僕らのブーツや靴を買ってくれた人たちが出入りしているなら、そうだ、これはきっと開拓すべきもうひとつの道だ。

「みんな、君と話し、君と知り合いになり、ブーツや靴のことを知りたがっている。だからカタログとサンプルを持ってきて、テーブルの上に展示もしてくださいね。僕らは非常に社交的な集団だから」彼にはとても説得力があった。

僕は応じることにし、正式にクラブに招かれた。慎重第一だ。言うまでもないけれど、スウィンガーズ・クラブに行く人は誰でも、他の参加者全員のプライバシーを尊重しなければならない。なかには重責を負う専門家もいて、もしその存在が明らかになれば、キャリアや人生すべてが危険にさらされる可能性もある。僕は判断する立場にない。彼らは素晴らしい旅路で出会った他の人たちと同じ、特定の興味関心を追求する普通の人々だ。

そのようなグループの一員になるのは容易ではない。入会したければ信頼された在籍メンバーからの紹介が必須で、その際には厳密な調査も行なわれる。こうしたセキュリティーチェックなしでは、たとえば、覆面記者がクラブに潜入して「スクープ」情報を入手するのは簡単で、それが多くの人生、キャリア、家族を破滅へと導きかねない。

それゆえに僕は、どんな発見があるのか見当もつかずに出かけていった。ほっとしつつも驚いたことに、出会った人々は、ものすごく友好的で、とても正直で率直で、明らかに既成観念にとらわれていなかった。もっていたすべての先入観は即座に脇に追いやられた。好き勝手からはほど遠く、たくさんの礼儀作法があった。彼らは互いを尊重し、社会のあらゆる階層の出身で、厳しい行動規則を熟知し厳守していた。規則に従わない者は直ちに辞めさせられ、会員資格を剝奪される。

僕がそこにいたのは「ディヴァイン」製品に関する情報を共有するためだった。彼らはカタログと持参した数点の商品をとても気に入ってくれた。ほとんどの人がすでに僕らのことを知っていて、購入もしてくれていた。だから仕事がやりやすかった。

何より嬉しかったのは、僕を信用してくれて、内面的な極秘生活を分け合ってくれたことだ。これまでも、そしてこれからも、僕は訪れたクラブや会員に関して絶対に何も口外しない。お返しとして、彼らが製品を注文する際には、僕らの裁量が保証された。ご愛顧と支持に礼を尽くした。我が社が敬意をもって接している事実を、彼らは大いに喜んでくれた。

その後、他のスウィンガーズ・クラブに招かれ、さらに驚くばかりに親切で正直な人々と出会った。そのおかげで製品に対する感想を聞き、共に新しいアイデアについて話し合う機会を得た。

一例は、僕らが「バレエシューズとブーツ」[*4]と呼んでいる製品の導入だった。それを何足かカナダから輸入していた。ダンサーが履く伝統的な「トウ・シューズ」だが、ヒールがある。

多くの男女がこの靴に興味をもっていることがわかったので、自社製品に加えることにした。使用目的は主に「ベッド・シューズ」だ。履いて歩ける人はあまりいないので！　僕はヒールでの歩き方を身につけたけれど、この靴は僕の能力をはるかに越えていた。カタログ用の撮影で何足か履くには履いたけれども、ポーズを取る場所まで這っていくか、スツールに座らなければならなかった！

大金を購入に投じる前に専門のクラブをいくつか訪れ、どうすればデザインをよりよくできるか調べた。それは価値ある取り組みで、無条件に最高な市場調査だった。この靴を買って履きたい人たちと共に、実際に僕はそこにいたから。

フェティッシュ・クラブに招かれた時にも同様の価値ある経験をした。スウィンガーズ・クラブのように、こちらも思慮分別とプライバシーが重要だった。どちらも同じ趣味をもった人たちが特定のファンタジーを追い求めていた。フェティッシュ・クラブの場合は、すでに「ディヴァイン」のカタログに掲載している服やアクセサリーに関することが中心だった。

そこで僕はすぐに、フェティッシュの世界にはさまざまなレベルがあることを学んだ。制服や素敵なブーツや革製の服、僕らのキンキーブーツを身につけることを純粋に楽しんでいる人々から、真剣な「ご主人様と奴隷」フェティストまでいた。

ショーや専門クラブで彼らと会うことで、ニーズと願望を理解することができた。それは、まさに彼らが望むものを「ディヴァイン」製品で提供できることを意味した。

こうした目を見張るような経験を自分がすることになるなんて、夢にも思わなかった。何より学んだことは、人は人であり、彼らの家でこっそりと行なわれていることに、我々がとやかく言う権利はないということだ。

「キンキーブーツは、おしゃれな格好に新たな意味をもたらす」

スティーヴ・ペイトマン

15 テレビの影響！

この新しいエロティカの世界で、見るべきものは見尽くしたと僕は心から思っていた。ところがまたしても——間違いだった!!

『トラブル・アット・ザ・トップ』の視聴者数は放送日で三四〇万人、最終的な数字は四〇〇万をはるかに上回った。それは僕らの顧客基盤に、とてつもない影響を及ぼした。あらゆる方面から関心が寄せられ、あらゆる番組から多数の出演依頼がきて、驚きの連続だった。僕は依然としてインタビューに駆り出され、「キンキーブーツ工場」はどうやらまだ大ニュースだった。

僕らにとってそれは素晴らしい宣伝活動だ。この話の露出が増えれば、潜在顧客にカタログを届けられる可能性は高まる。

この頃、デジタルテレビ放送が始まり、視聴できるテレビのチャンネル数は爆発的に増加した。衛星放送の「メン&モーターズ」や「セクセテラ」のような、いくつかのセクシーチャンネルからインタビューの依頼がくるようになった。また「その他」のチャンネルからさえも。妻がタイミング悪くドアを通り過ぎると「ただチャンネルを変えていただけ！」って、わかるよね？　男性が密かに観るチャンネル！　これらはまったく聞いたことも、ましてや見たこともないチャンネルだったと言わざるをえない……その時までは!!!

それから、もっと真面目な番組にも招かれた。その頃、最も有名だった二つの番組、アダム・ショーが司会を務める

BBCのビジネス番組「ザ・ワーキング・ランチ」と、エスター・ランツェンがホストを務めるビジネスと時事ネタのトーク番組、話題の人を取り上げる「ジ・エスター・ショー」で、この番組にはサラも同行した。

こうした番組は一日に何本も収録するので、僕らは他のゲストたちと一緒にテレビセンターの出演者控え室にいた。その時、エスターと他の収録を行なっている男性に会った。彼は英国相撲連盟の会長で、何て呼ばれていたかというと？　スティーヴ・ペイトマン！　幸いにもプロデューサーが僕らを取り違えることはなかった！　彼がキンキーブーツを履いてセクシーに見えたかどうかは疑問だし、もちろん僕が相撲取りの必要条件を満たしていたかどうかも疑問だ！

いくつかの余談として、他にもうひとり、僕が認識しているスティーヴ・ペイトマンがいて、彼とは混同された。この人物はサンタンデール銀行の最高経営責任者で、誰かが僕に電話をかけてきて、ビジネス賞のプレゼンターを依頼した。ピンとくるまで、僕は少し何か変だなと思った。だから丁重に断り、スティーヴ・ペイトマン違いじゃないですか？と伝えた。きっと僕なら、銀行の全行員が履くキンキーブーツを用意できたと思うけど！

その他にも、サラと僕が地元ノーサンプトンシャー州の自動車販売店で新車を探していた時。机を挟んで販売員の向かいに座ると、卓上に置かれた名札に気づいた。

彼がパソコンの画面を開くと、サラが肘で僕を軽く突き、ささやいた。「名前を見た？」僕の座っている位置からは「スティーヴ」しか見えなかった。

「見て」サラが言った。「彼、あなたと同姓同名よ。信じられない」

すると彼が「いくつか個人情報をお伺いします。お名前からよろしいですか？」と言った。

ニコニコしながら僕は「ペイトマン、スティーヴ・ペイトマンです」と答えた。彼は打ち込みはじめると、次第に状況がわかったみたいで、手を止め怪訝そうに顔を上げた。「いえ、それは私の名前です。すみません、お客さまのお名前を」

「あの、私の名前でもあるんです」

すると彼は、僕が誰なのか知っていたことに気づき、表情が変わった……僕が言うまでもなく！

「**あなた?**」すべてが明らかになると、彼は背をのけぞらせ椅子にもたれかかった。「あのテレビ番組が放送されてから、おかげでものすごくたくさんの困ったこと、面倒なこと、厄介なことが起きているんですよ。『トラブル・アット・ザ・トップ』の話をしてくださいよ、『トラブル・アット・ザ・カー・ショールーム』は、どうですか!!! 私の家族、友人、同僚は、今や私をキンキーブーツマンと呼んでいます。私もノーサンプトンシャー州に住んでいるので、**あなたの**話をしに行く、ちょっと奇妙で素晴らしいお招きを頂いていますよ」彼は爆笑した。

「ブーツのサイズは、おいくつですか?」冗談で返す僕。

「無理無理! 絶対に履かせないでくださいよ」と彼。ここ数年、迷惑をかけてしまったこの気の毒な男性に、僕はビールを一、二杯おごるべきだろう。

「名前の中には何がある?」*1って言うけど、僕なら「恥ずかしさ、困惑、混沌、そしてたくさんの笑い」と答える。

一方で友人のフランクによると、テレビ番組放送の数週間後、彼がロンドンのバーにいると、ひとりの男が女性集団の中で「君たち、たぶん僕のこと聞いたことあるんじゃないかな、僕の名前はスティーヴ、だけどテレビ番組でのキンキーブーツマンとして、より知られているんだ」と豪語していたという。そのグループの何人かは「えぇ〜そうなの、私、見た」「あのブーツとセクシーな服」「エロティカはどんな感じだった?」とか言っていたらしい。

フランクは聞き耳を立てた。僕があまりロンドンに行かないことを知っていたし、そもそも声が違う。そこで「スティーヴ」を見ようと振り返ると、有名人であることを女性たちに自慢する完全に見知らぬ人がいた。

フランクにしてみれば、この「新スティーヴ」のところへ行き、反論せずにはいられなかった。「おぉ、あなたはノーサンプトンシャー州出身ですよね?」

スティーヴは驚いたようで「で? それが何か?」

「いや、僕もなんですよ! 世間は狭いですねぇ? 実は、あなたと同じウェリングバラ出身で。どこに住んでいるんですか?」その男が少し落ち着かない様子を見せはじめたので、フランクはとどめを刺しにかかった。

「ご家族とはもう長い付き合いです。おかしいですねぇ本当に、スティーヴは僕の親友です」その瞬間、男は慌てて外に逃げ出し、二度と戻ってはこなかった。

有名人、一流の医者、警察や消防士になりすました人のことはよく聞いたことがあるけれど、僕になりすます？　彼は必死だったに違いない！

それから、僕の物語にあまりふさわしくないテレビ番組があった。招かれたのは、アングリアTVのトリシャ・ゴダードが出演する「トリシャ・ショー」。彼女はありえないほど親切だったけれど、僕にとっては難しい番組だった。人間関係と、そこにある葛藤を掘り下げる「ジェレミー・カイル・ショー」に似た番組だった。

サラと、彼女の友人のスー、僕の友人のアンディ、そして僕が招かれた。プロデューサーは番組のフォーマットに合うような物語の流れを僕らに作らせようとした。それは非常に僕らを動揺させた。専門職の会社として、顧客の誤解を招きたくなかった。

プロデューサーは、番組には毎日、女性を中心に平均で七〇万人を超す視聴者がいると言って僕らを引き込もうとした。女性は我が社の主たる購買者だったので、僕は愚かにも丸め込まれ、この膨大な露出のため出演を断ることができなかった。

また彼らは、新しいキンキーブーツと「ディヴァイン」の衣料品を披露する六人のモデルを手配してくれた。

この番組の倫理的な側面に関して、あまり語りたくはない。おそらくこの場合、沈黙は金なり！　これは僕の最も成功したテレビ出演ではなかったけれど、そこから生じたビジネスは大成功だった！

我が人生は驚きの連続になっていた！　次の出来事は一本の電話と共に訪れた。

「ハロー、スティーヴ？」マンチェスター訛りの強い、温かく親しみやすい声だった。「テレビで番組を見て感動しました。取引をできないか、相談したいのですが」今や、この手の電話は、僕の気を引き締め警戒させる！

彼女は異性装者向けに、僕らの製品と似た普段着やアクセサリーを販売する店舗を複数もつ、全国規模の会社を経営していると話した。また男性が数時間または一日かけて完全に大変身することのできる総合施設も運営し、これには新しい髪型、衣装、プロによるメイクアップが含まれ、その日の思い出に写真撮影がなされていた。

しかし、この会社が我々に望んでいたのは、男女の顧客向けに自社ブランドの靴をもつことだった。彼女は、そうしたことに僕らの興味があるか尋ねてきた。

話し合いを続けると、要望は我々に可能な範囲内のパンプスとブーツだった。けれども僕は、できれば自分たちのブランド名「ディヴァイン」のままで広めていきたい、と伝えた。

もちろん、この段階では何も決まらなかったけれど、実際に会って物事をさらに進めるためマンチェスターへ出向くことになった。この会社の店舗と本社は同じ通りにあった。

ある日の早朝、僕はマンチェスターへ出発し、八時半頃に到着、車を駐車すると彼女が教えてくれた住所に歩いていった。外のバス停に早朝の通勤者たちが集まりはじめていたので急いで中に入った。

店内は色鮮やかで、豊富な商品がずらりと並んでいた。カウンターの向こうにいる女性は電話中だった。彼女は受話器を手で覆った。「ちょっとソファに座っていてください、今お客さまと話しているので、その後、お伺いします」

振り返り、僕と同じくスーツを着て大きなスーツケースを大事そうに抱えている男が二人座っているソファの方に向かった。「きっと彼らのは、僕のみたいに、キーキーいわないいんだろうな」と思った。

その時、心配になった。この会社に靴を売ろうとしているのは、きっと僕だけだろうと思っていたから。他の二人の男たちは、どこからやってきたんだろうか。

一瞬、これはライバルがいるんじゃないかと思った。頭の中でセールストークの検討を始めた。価格を変えられる？　どうしたら競争力を他より高められる？　他にもあらゆる問いが頭の中を駆け巡りはじめた。

しばらくすると女性がやってきて、ささやいた。「カウンターにお越しいただけますか、受付しますので」だから車輪をきしませながらスーツケースと共にカウンターへ向かった。「お名前は？」「スティーヴ・ペイトマンです」

彼女は僕を見てから日録に視線を落とし「うーん、何時の予約を入れましたか？」

「九時の約束です。すみません、ちょっと早くて」僕は謝った。

「それは問題ありません、ただ、お名前が見当たらなくて」彼女は紙に沿って指を上下に走らせた。

「あるはずです」僕は笑顔で「御社の社長との打ち合わせです。ディヴァイン・フットウェアのスティーヴ・ペイトマンです」

「あぁ、わかりました」彼女は身を乗り出すと小声でつぶやいた。「場所が違います、本社は道路の向こうです。ここは変身センターです」

おっと！　突然、謎が解けた。ソファの男たちは同じ理由でそこにいたわけではまったくなかった！　僕は取引をまとめるため、彼らは完璧な変身をする日のために、そこにいたのだ。一時間以内に、彼らはメイクをして新しいカツラに衣装、セクシーな靴で華やかに装い、素敵な写真撮影をするだろう。

とにかく、僕は自分のプライドを飲み込んで恥ずかしさを隠そうとしたけれど、無駄だった。赤面して謝罪の言葉をつぶやきながら、ばつが悪そうに後ずさりしてドアから出た。

「ありがとうございます、行ってきます」ドアを閉めながら肩越しに言った。ありえない！　どうしたら住所を間違える？　店と本社が同じ通りにあることを知っていたのに。何故そこに入っていった？　心の中で思った。

恥ずかしくて死にそうだった。なんてバカな男！　ため息をつき、振り返った時、ほぼ落ち着きを取り戻した。僕の向かい、店の外のすぐ近くにあるバス停に、朝早くから働く人々が長い列をつくり立っていた。

強烈な想像だったのかどうかはわからないけれど、通勤者の誰もが僕を凝視し、**あの**場所で、一体全体、何をしていたんだろう、と不思議に思っているような気がした。

そんな疑問を残しながら急いで道を渡り、右の建物にある右の受付に今度こそ、辿り着いた！

打ち合わせはうまくいった。彼らは、長時間にわたって靴を履くかもしれない男性にとってより快適になるよう、革の裏地などいくつかの変更をパンプスに加えることと、エナメル革を含めランクを上げた質の高い革を希望した。

こうしたすべてに応じ、サンプルを送り、最終的に多くの受注を獲得した。

「今や仮想パーティーに呼ばれたら、僕の衣装は無限大だ！」

スティーヴ・ペイトマン

16 オランダへ！

英国から素晴らしいお客さまをもたらしたテレビ番組は、BBCワールドを通じて他の国々でも視聴された。またしても電話が鳴り「スティーヴのキンキーランドの冒険」は、新たなチャプターの幕を開けようとしていた。

電話はオランダからだった。かなり重要かつ他とは違うことがわかった。男性は、彼と彼のパートナーで僕に会いたい、番組に感銘を受け自分たちが考えていることを話し合うため英国に来たい、と言った。

二人はちゃんとやってきて工場を訪れた。僕らがすべてのキンキー製品を見せると驚き、喜ばしいことにたくさん欲しがった！　それだけでなくオランダ全土での「ディヴァイン」製品の「独占」販売を望んだ。そしてさらに自国のトップ・ポルノスターのひとりキム・ホーランドを起用して、僕らの製品を身につけてもらい宣伝するという。興奮した！　アムステルダムの「飾り窓地区*」に僕らの製品を入り込ませる機会を逃すなんて、あまりにももったいない。彼らは明らかに我が社から大量の在庫を購入するつもりで、僕らはもちろん喜んで引き受けた！

そのうえ、予想していなかったことが起きた。

「それでスティーヴ、アムステルダムに来ませんか、その時に実際、キムに会えます。彼女が見たり試着できたりするように製品を全部、持ってくればいい。どうですか？」彼のオランダ語アクセントと愛嬌のある笑顔が、僕を確実に惹きつけた！

「はい、もちろん」今、自分、何て言った？　ナイアガラの滝から飛び降りようか？　大西洋を泳ごうか？　エベレストに登ろうか？　もっと容易な挑戦があるはず!!

「写真撮影をするので、参加してほしいんです」僕がまだ最初の衝撃を把握している最中に、彼は続けた。その時に気づいた、今、彼、何と言った？

「どういう意味ですか？　私に参加してほしい？　つまり……撮影に？」

「もちろん」彼は即行で付け加えた。「あなたの製品です、自慢の品々を見せびらかしませんか？　旅費は出しますし、もちろん楽しい時間もね、いいですか？」

はい、もちろん。僕はものすごく深く息を吸い込んだ。素晴らしいチャンスだった。僕は大人の男だ。業界が投げてくるものなら何でも、やり遂げられよう。これはどのみち単なるひとつの売り込みだ。ただ偶然にもナンバーワン・ポルノスターが関わるという、本当に些細な、ちっぽけな事実を除けば！

それから自問自答を始めた――この件で別の話を聞くだろうか、と。番組の放送以来、注文にはまったく何も結びつかないビジネスの潜在需要は多くあった。その一方で、この人たちは会いに来てくれて、製品を見て感動してくれた。もしかしたら、ここから何かが起こるかもしれない。

二週間後、オランダから前払いで注文が入った。たくさんの衣料品にブーツと靴、いくつかのアクセサリー、それから鞭や手錠、ゴムやＰＶＣ製の衣類など、それは大量だった。だけど彼らは僕に、僕の頼りになるスーツケースに詰め込んで、すべての商品を持ってきてほしいのだ。オランダでもキーキーときしみ音をたてるのだろうか！　写真撮影に出向きキムと会う日も知らせてきた。

ルートンからアムステルダムのスキポール空港へ行く飛行機の便を予約した。キーキー音をたてる友だけでは足りなかったので、もうひとつ、サンプルと週末に着る自分の服のためにスーツケースを用意し、撮影用の追加サンプルを運送業者で送らなければならなかった。

ルートンでは搭乗手続きで荷物の重さを測られ、「特大」に分類されたので他のカウンターに移動して並ぶことになった。僕の番がきたので、ひとつめのスーツケースをなんとか持ち上げてベルトコンベアーに乗せ、それがゆっくり動き出すと、二つめを隣に乗せた。

その時に気づいた！　僕の服、ブーツや靴と一緒にスーツケースに入っている他のものが、検査装置に反応するかもしれない！　手錠、鞭、鋲のついたベルト、つま先に金具の入ったブーツ、金属製の装飾がついた他の衣類。

スーツケースたちはX線装置の中を移動し、停止すると、戻ってきて、また通り抜けた。「ふぅ～！」ほっとした、終わった。終わってなかった、ちょうど始まったところだった！

検査員が二つのスーツケースを持ち上げると横のテーブルに置き、僕を呼んだ。

「これらは、あなたのスーツケースですか？」彼は僕の目を直視しながら話していた。

「はい、何か問題ありますか？」ためらいがちに言う僕。

「何が入っているのか、教えてもらえますか？」その声にはユーモアのかけらもない。

僕が白状すれば、彼はきっと屈するだろう。

「そうですね、アムステルダムで行なう写真撮影用の金属製品、バックル、ベルト、衣類、小道具など、いろいろなものが入っています」

額にはすでに運動会に出た時のような玉の汗、全身が僕の超強力な集中暖房システムで熱くなっていた！

すると突然、彼が見たこともないような満面の笑みを浮かべた。

「わかりました、スティーヴ」彼は笑い「私がなぜ来るように声をかけたのか、わかりますよね？」僕は動揺した。どうやって僕の名前を知ったのだろう？　パスポートも何も渡していないのに。

「ここでスーツケースを開けてみましょうか？　何を見つけることになるのやら？」

「さっき言ったように」僕はお願いした。「撮影用のものです」

「信じていますよ、スティーヴ。ご心配なく。テレビを見ていたので列に並んでいるのを見た瞬間、すぐにキンキーブーツマンだとわかりました。これはすべて、あなたのサンプルですよね？」

僕は不明瞭に何かつぶやいた。

「もう赤面しないで、かなり恥をかかせてしまいましたね」彼は次第にかなり和んできて、明らかに、ちょっとした謎解きを楽しんでいるようだった。「でも次回からは、持っているものを申請するだけで、かなり時間の節約になりますよ……あと汗の！」

こうしてスーツケースたちは無事に一つの方向へ向かい、僕は別の方へ、気つけのビールを求めバーへ直行した。空の旅は快適で、荷物はそれ以上の不運もなく、到着地で僕を待っていた。

到着ロビーでは、ウィレムと彼のパートナーのレンケが僕を待っていた。二人がオランダでブランドを引き受けてくれる。彼らは大きな文字で「ディヴァイン」と書かれた巨大なカードを持っていたので、見逃すことはなかった！

ホテルに僕を送る前に、キムを紹介するにあたり、自分たちの家に行って飲みながら話そうと親切にも提案してくれた。辿り着いた家は、そんなに大きくはないけれど非常におしゃれで、僕らは居間に座りビールを飲みながら雑談を始めた。

「スティーヴ、そろそろキムに会う時じゃない？」ウィレムが言った。

「えっ、彼女には、後で会う予定になっていると思っていましたけど」僕はちょっと慌てた。

「まぁ直接会うのは、たぶんね」彼は微笑むと「でも、今は……！」

テレビの方へ移動しボタンを押した。うわぁ！　飲み物をサイドテーブルに置いていてよかった。さもないと、家具にまき散らしていただろう。画面には、うーん、どう説明したらいいんだろう？　凄まじいオランダのポルノ映画。

「ほらスティーヴ、あの二人の男といる美女、あれがキムだよ」

息が止まった！　それがキムとの初体面だった。彼女は、もしあなたがポルノ・スターを想像したことがあるなら、まさに想像どおりの、ポルノ・スターそのものだ！

レンカが少しキムについて教えてくれた。彼女は非常に優秀な敏腕女性実業家になっていて、出会い系雑誌を成功させ、多くのフェティッシュ・クラブやスウィンガーズ・クラブを経営。そしてもちろん、有名なキム・ホーランドとしてステージや映画に出演していた。

もう、バートン出身のうぶな男子は頭が追いつかなかった！　あげくの果てに彼らは、すべての映画を監督し写真撮影しているのは、キムの旦那だという。こうして僕は画面上のキムと会った。生ではまだだけど。それはこれからだ。

荷物を置くため、ウィレムとレンカがホテルへ連れていってくれた。僕らは食事をとり、アムステルダム観光に出かけた。初めての訪問で見るものすべてに驚いた。運河、建築、どれも素晴らしかった。

そしてついに、この美しい町が有するもうひとつの顔に到着！　歓楽街の飾り窓地区だ。まさに僕の想像どおり、いや、それ以上だった。案内されたのは、若い「女性たち」が椅子に座ったりベッドの上でポーズを取ったりして春を売る店の窓が並んだ有名な通り!!　僕らはブーツや靴、服やアクセサリーに、何はさておき注目した。当然、僕は窓の若い「女性たち」を完全に無視した。だって、これは、出張だし。

立ち止まり、さまざまな靴が並ぶ窓をのぞいていると「革の質を、よく見て」とレンカが言った。「どれも見た目が安っぽい。私たちが欲しいのは、こういうものじゃなくて、極上なもの」

「わかります、我々なら最高品質のものを提供できますよ」僕はうなずいた。

案の定、僕らが見たほとんどのものは、「早くキスして！」と書かれた帽子と同等品の、土産物の域を出ていなかった！　飾り窓地区に押し寄せる観光客は、家に何かを持って帰ろうとする。こうした品々は、彼らが購入する安価で愉快な商品だ。

「キムがスティーヴの製品を身につけているのを見れば、みんな真似して、私たちから買いたがるでしょうね」レンカは明らかに頭の中ですべて計画済みで、どうしてそう考えるのか、僕に理解させようとしていた。視察を続け、キムのために何を生み出したいのか、各自が心に書き留めた。

アウデゼイズ・アフテルブルグワル通り沿いを歩き、ウィレムとレンカはムカつくほど完璧な英語で、次にどこへ行くのか説明してくれた。

「カーサ・ロッソは、オランダにある最も古いエロティックな劇場のひとつで、間違いなく我々の飾り窓地区で最も有名な観光スポットです。きっと気に入っていただけると思うわ」レンカが言った。

僕らは、かなりびっくりするような建物の前で止まった。セックス・ショップとカフェの間に挟み込まれていたのは、明るく照らされた劇場で、張り出し屋根の上にはライトアップされた大きなピンクのネオンのゾウが、正面入り口の両側には二つの噴水があった。噴水のひとつにはピンクのゾウが、もうひとつには巨大なピンクの男根が乗っていて、どちらも水を噴き出していた！

カーサ・ロッソは、僕が行った頃からは実はかなり変わってしまって、今では劇場とカジノとして宣伝されている。ネオンのピンクのゾウはまだあるけれど、噴水は干上がり消えてしまった。

「ここが、カーサ・ロッソ」二人は微笑んだ。

まさに驚くべき体験だった。こういう場所に来るのは、これが最初できっと間違いなく最後だ。奇妙だった。僕は覚悟を決めた。厳格なイギリスの裏通りからきた小僧だと彼らに思われたくはない。迷う。入りたくない、でも同時に、入りたい！

僕の良心は悪魔の代弁者を演じていた。片方の肩には勧めてくる悪魔がいて、もう一方には引き留めようとする天使。両者は戦っていた。またしても、これはボスが進むべき一歩か？　僕は苦しんでいた。悪魔が勝った。「仕事だ」自分に言い聞かせた。天使は戦いに負けた！　両手で両目を覆う天使が見えた――どうにもならず諦めたみたい！

しかしその敷居を越える一歩は大きく、困難な一歩だった。信じてやるしかない。観客席に入ると、僕らは後方に席を見つけた。正面には誰もいない薄暗いステージ。客席の照明が落ちると、ステージが明るくなった。医者と看護師の格好をした男女が歩いてきた。

二人は、僕には理解できないストーリーの「設定」で狂気を演じていたけれど（理由は僕にはまったくわからなかった）、そのストーリーがどこに向かっていくのかは明らかだった。服は素早く脱がされ、二人は地元のＤＩＹ用品店でカップルが壁紙を選ぶような意気込みで、かなり体操的で有酸素運動的な激しい営みを披露した！

彼らは、よろよろと立ち上がって観客の方を向くと、「素人芝居」の全出演者同様、拍手喝采を待った。結局のところ、それは誰かがアザラシを孤立状態から救いだすため生魚でおびき寄せるような、かなり情けない、ゆっくりとした拍手だった！

二人は歩き去った。以上！「あんまりエロくなかったぞ」と僕は思った。

それは期待していたものではなかった——恥ずかしくならなかったし、言うまでもなく興奮しなかった。ただとても変だった。僕は混乱した。もっとフォリー・ベルジェール[*2]みたいな、セクシーで誘惑的で緻密で非常にエロティックなことが当然起きると期待していたから。それなのに、これだ！　三流のベニー・ヒル[*3]の寸劇と同じくらいぞっとして、映画『キャリー・オン』のような面白さも、もちろん好色もなかった。

残念なことに、ウィレムとレンカが僕の興味のなさを察知し、あまり興奮しなかったことを見抜いていた。おそらく、今や空になったビールグラスを僕がのぞき込んでいたことと、何か関係があったんだろう！

「さて、どうですか？」ウィレムが僕の目を見た。

「何に対して？」僕は尋ねた。ビール？　舞台装置？　それとも何？

「劇場、ステージ、全体的な環境。ここが明日、私たちの撮影をする場所なんです。だから明日は、あなたがあのステージに立つ番ですよ！」さらに興奮した様子で言った。僕は、息をのんだ。

ささっと飲み物をおかわりして、次の日の予定について軽く話した。早めに出て車を見つけた。この非日常に満ちた日の出来事を受け入れるべく、僕はホテルに送り届けられた。

翌朝、まだ頭の中で昨夜経験したことが渦巻いていた。今日は何が起こるのだろう？

僕はまだ、実物の美しいキムに会っていない。二つのスーツケースと共にカーサ・ロッソに戻った。キムは我々と店の外で会うことになっていた。僕らは待った、待ちつづけた。もはやそんなことは絶対に起きないんだろうなと思っていると、どこからともなく突然、まるで良い香りのフワフワした雲みたいに現れた！

「スティーヴ、**本当に**、ごめんなさい。ウィレム、レンカ、**こんなに**遅れちゃった、許してちょうだい、ダーリン」彼女ははしゃいで、そして僕の方を向いた。「番組を見たわスティーヴ、素晴らしい。あなたのファンタスティックな服やブーツ、もう、あのブーツが私は大大だぁ～い好き！」

巨大なマシュマロに体当たりされたみたいだった。彼女はすごく素敵で、好きにならずにはいられなかった。想像できる限りの最もいい人のひとりで、最初の瞬間から僕を安心させてくれた。

誰もいない劇場に入り、ステージに上がった。ウィレム、レンカ、キムの夫、そして僕らのために照明をつけてくれた舞台監督、ありがたいことに少人数だった！

キムは素早く服と毛皮を脱ぎ捨てると、僕が持参したサンプルの詰まったスーツケースに手を伸ばした。キムの夫が彼女の魅力的な写真を何枚も撮り、あらゆるポーズの指示を出した。彼女は革の衣装で何枚か撮影すると、メタリックな衣装でさらに何枚か、次から次へと服を変えた。

そして、キムの夫が「スティーヴ、君の番だ」大声で言った。

僕は一瞬、固まった。

「黒のレザーパンツとブーツしかありません」

「それでいい」彼が言った。「ウィレムと一緒に、キムを挟んでポーズを取ってくれ。黒ずくめの男たちと彼女、最高だ！　二人のご主人様とポーズをとるキム！」

僕は臆病者になった気分だった！　自分はラグビー選手かもしれない、でもウィレムは、ヴァン・ダイク・スタイル*4の口ひげと下唇の下に、たぶん「ソウル・パッチ」と呼ばれる小さな顎髭を貯えた典型的な長身のオランダ人だ。彼は手入れされた三銃士*5、ダルタニャンみたいだった。

何はともあれ誰もが、この成果に大満足だった。キムは大喜びで、ウィレムとレンカは温かく気さくな会話とワインで僕らを楽しませてくれた。実を言うと、僕はすべて終わって嬉しかった！

撮影の後、みんなで昼食に出かけた。それは起こっていることが信じられなくて、自分で自分をつねらなきゃならないような出来事のひとつだった！　僕は重要な新規顧客とアムステルダムのレストランに着席して、今までに見たなかで一番巨大な皿のソーセージとフライドポテトを、オランダのトップ・ポルノスターが食べているところを見ていた。

その時も面白かったし、今でも思い出すと笑ってしまう。ソーセージをフォークで突き刺し、ひとくち食べる前に唇でそれをいじるキム！　昨晩の医者と看護師のエロくない寸劇を見るより、その様は全然エロかった！

　食事をしながらたくさんの話をした。その時、僕はキムに聞きたくて仕方がなかったあらゆる質問をしたくなっていた。ステージでのショー、写真や映画の撮影を、カメラマンであり写真家でもある夫の前で行なうことを、彼女はどう感じているのだろう？　それは夫婦関係にどういった影響を及ぼしたのだろう？　かなりのおせっかいだったけれど、僕は答えを知りたかった。

「あらヤダ、お仕事よ」キムは興味なさそうに笑った。「家でのことは、私たちの個人的なこと――スタジオで行なわれていることは、まったく別の話よ」

　彼女は非常に冷静だった。僕は理解できなかった。僕の質問で彼女は少しも気分を害していなかったし、明らかに公私を共にする関係性は、彼らにとって功を奏していた。

　それから、写真撮影と今後のことを話し合った。ウィレムは僕を、僕のチームと共に、オランダでのエロティカ・ショーに参加するため、アムステルダムに招待してくれた。これは再び、あまりにも素晴らしい、断るはずのない申し出だった。

　かなり意外なことに、僕のオランダ滞在は想像をはるかに超える充実したものだった。結果的に、信頼できる顧客を得て、さらに大量注文と他の見本市への参加見通しに繋がった。アールズ・バートンに戻って、この報告をするのが待ちきれなかった。

　家に戻ってから三週間後、郵便ポストに小包が届いた。オランダからで、僕はそれが撮影した写真の束だと思っていた。ところがそれは、選りすぐられたオランダのポルノ雑誌の数々であることが判明。正直、どうしたらいいものかと途方に暮れた。

　幸いにも、小包は僕個人宛だった、そうでなければ疑うことを知らない僕のスタッフのひとりが開封していたかもしれない！　でもある意味、壁のハエになって、ロージーかクラリスが小包を開けているところを、ちょっと見てみたかった気もする!!!　二人の顔を見てみたかった。どんな事態になったことやら！

一、二冊、素早くぺらぺらめくると、偶然にも「ディヴァイン」という単語が目に入った。僕が雑誌の真ん中の見開きページに戻ると、そこには光り輝く鮮やかな色彩で、キムという僕の写真が載っていた。

僕の「自慢できるもの」リストは、怪しげなものであれ、そうでないものであれ、週単位で長くなっていた！　今、僕は、オランダのポルノ雑誌で見開きのグラビアになった。次は何だ？

「キンキーブーツの可能性は無限大、限界はあなたの想像力の中だけにある」

スティーヴ・ペイトマン

17 太陽と海とセクシーなスカボロー！

数週間の平常運転を経て一般向け製品と「ディヴァイン」製品の注文を、どちらも納品することができた。そしてある朝『ロージィズ・レパーティー』という雑誌の編集者マルティーヌから電話が。「トランスジェンダーと異性装のライフスタイルマガジン」と自らを称していた。少しも官能的ではない。いやそれどころか、知的で優れた記事を掲載する実に真面目なライフスタイルマガジンだ。たくさんのアドバイスと、もちろんファッションが載っている！

電話の用件は、この雑誌が広告と共に「ディヴァイン」の特集をしたい、というものだった。完璧じゃないか。商品を直接、欲しがっている人たちに伝える絶好の機会だ。僕らは広告をデザインし、やってきた記者と会い、工場を案内した。やがて見開きの記事が雑誌に掲載された。とても感動した。注文が殺到し、良いことしかなかった。

一ヵ月後、またマルティーヌから電話があった。彼女はさらに好ましい申し出をしてくれた！

「スティーヴ、前に話した時にはお伝えしなかったんですけれど、スカボローで行なわれるとても特別なイベントにご興味おありかな、と思いまして。私たちが運営していて「御社にうってつけ！」なんじゃないかと」とても意欲的だった。

「わかりました、詳しく教えてください」

「それでは」彼女が続けた。「毎年一一月、私たちが「ハーモニー・ウィークエンド」と呼んでいるイベントのためホテルを貸し切りにします。これは一九八八年から実施していて、大成功しているんですよ。ホテルにはダンスホールのような大きな部屋があって、ご招待した企業に製品を展示しに来てもらっています」

「どんな企業ですか？」
「多種多様です、化粧品、カツラやヘア製品、豊胸、衣類、下着、そして願わくは、あなたのブーツと靴」

素晴らしい考えだと思った。買う気満々の魅了されたお客さまでいっぱいのホテル、まるで小さな「エロティカ」みたいだ!!

彼女いわく費用は宿泊と食事代だけで、展示会場のブース代は不要とのこと。さらにいいじゃないか！　そこでスタンと僕は、ブースの計画と持参する在庫リストの準備を始めた。

一一月のひんやりとした金曜の朝、二人でヨークシャー海岸のホテルを目指し荷物をぎゅうぎゅうに詰め込んだバンを走らせた。明日と明後日、どんな発見があるんだろう、何が起こるんだろう、僕らは思案していた。

ちょうど昼食時間前に到着、親切なスタッフに迎えられた。大部屋でのブース設置と、情熱溢れる買い物客の襲撃にあった時に備え、在庫を簡単に取り出せるよう、わかりやすく保管されているか確認することに時間を取られた！

それが終わると、みんなが到着する前にサンドイッチとビールをもらえないか受付に頼みにいった。それまで考えてもいなかったのは、お客さまの大多数が男性になるだろうということだった。ガールフレンドや奥さんと一緒にいる人もいたけれど、全員に共通することがひとつあった。チェックインをして部屋に行く瞬間から、彼らは女性の人格をもつようになるのだ。「彼」は「ジョン」として到着するかもしれないけれど、チェックイン後は「彼女」、「ジェーン」になる。

それまでの概念、考えられる抵抗感や不安は、すべて完全に消えてなくなった。ここには外界の煩わしさを逃れ、純粋に彼ららしくいられる閉ざされたコミュニティがあった。どれほど素晴らしい集団か、僕らはすぐに悟った。誰も問題を抱えているように見えなかった！　たとえ僕らが当惑していても、問題は僕らだけのものだった。他のみんなはリラックスして、何より、誰もが楽しく時を過ごそうとしていた。

僕が最も素晴らしいと思ったのは、男性たちが一緒に来場した奥さんやガールフレンド、パートナーから全面的に支援されていたことだった。女性たちが美しく着飾った同伴者たちとすっかりくつろいでいる様子を見るのは、信じられないほど心温まるものだ。

さらに、彼らは僕らとの気軽な会話を楽しんでいた。誰もが喜んで心を開き自分自身のことを話す準備ができていた。何に「夢中」になっているのか、何を一番望んでいるのか、僕らに何を求めるのか、伝えようとしていた。僕らはほとんど秘密の聞き役かセラピスト、そして、そう、彼らの友人のように感じた。驚くほど謙虚だった。

展示会は午後の早い時間に始まった。僕らはブースで取引を開始。関心の高さも、お客さまも、素晴らしかった。もちろん、たくさんの会話があった。冗談やダブルミーニングが陽気な笑いを引き起こす。悪意、敵意はなかった。彼らの言葉を借りれば「ガールズが全員集まって」楽しんでいた。

全身を着飾ったとても美しい「ガール」がひとり、やってきた。僕は本当の名前を知らないけれど、彼女は「マッジ」と名乗った。七〇代か、もう少し上かもしれない、年齢にふさわしい着こなしだった。「ツインセット&パールズ」[*1]というのが最適な表現だ。問題は彼女が選んだ膝丈の編み上げブーツを試着する際、かがみ込めなかったこと。スタンと僕は四つん這いになって彼女に手を貸そうとした。僕らは、それぞれの脚を手に取った！

つまり僕らは床にいて、マッジはスツールに腰掛けて脚を曲げ、僕らが作業しやすいようにスカートをたくし上げ、僕らは彼女の足にブーツを履かせようとしていた。

突然スタンが肘で僕を軽く突き、上の方を暗に示した。視線を上げると、スカートの下でシルクレースのフレンチニッカーズから目の高さまでこぼれ落ちる「マッジ」の非女性的な部分が目に入った！ 当然「マッジ」の気分を害することだけはしたくなかったので必死に真顔を保った。ついに僕らはブーツを履かせ、彼女は大感激だった。

そろそろ夕食の時間になることに気づいたのでブースを閉め、軽く身支度をするため上階の自分たちの部屋に戻った。それが済むと下の階に降りた。ホールに向かって曲がりくねった階段と踊り場が続き、一階に近づくにつれて、空気が何かよくわからないもので重くなっていった。

しかし最後の踊り場に辿り着いた時、それが何か判明した。まるで誰かが品評会で入賞した雄牛を、ＢＯＯＴＳ[*2]の香水売り場に放し、雄牛があらゆる香水瓶を粉々に砕いたような状況だった。抵抗不可能な香りの混合物が、僕らを飲み込んだようだった。呼吸はほぼ無理。信じられなかった。それを切り裂く鋭い刃物が必要だったと言ってもいい！

ホール、バー、ラウンジは、我々を圧倒するこのパワフルで魔酔な香水の煙霧の中、それは美しく着飾ったまさに驚くような見た目をした人々でごった返していた。ホールに着くと、誰もが振り向き僕らを見た。その理由が急にわかりはじめた。男の格好をしているのは僕ら二人だけだった！　ボールガウン、体のラインが出るセクシーな服、シンプルな黒いワンピース、想像できるあらゆる種類の衣服があった。それは僕らが係員のファッション・パレードみたいだった！

テーブルに向かった。そこには他に六名いて、スタンと僕は場違いな気分だった。こうした華やかで魅惑的な人々に囲まれている男たちは、二人だけだったから。

しばらくすると僕らは、カツラをつけたり着飾ったりフルメイクをしたりしている男性たちを見る恥ずかしさを克服し、会話を始めた。

一〇分もしないうちに女の子のようなおしゃべりは止み、この人たちが女装をした男性であることを忘れ、ラグビーやフットボール、釣りやゴルフといった男たちが集まるとテーブルを囲んでするような、「野郎」の話題で話しつづけた。

スタンと僕は時々ある種の現実確認をした。男らしい趣味や興味について、この美しい衣服に身を包んだ男たちと話しているのだと、再認識しなければならなかった。感銘を受け、気を楽にしてくれたのは、この状況のおかしな側面を彼らが共有していたことだ。僕らの恥ずかしさを笑い飛ばし、さらに自分たちを笑い飛ばしては楽しんでいた。とても気持ちの良い人たちで、非常によくしてもらった。

スタッフも全員、素晴らしかった。ある意味、そういう理由で僕らは異質だったので、どのスタッフも、大丈夫かと気にしてくれた。

「今夜は、着替えないんですか？」ひとりのウェイターがスープ皿を置きながらスタンにささやいた。

「はい、展示ブースの出展で来ているので」きっぱりと言い切った！

「お気の毒に」ウェイターが続ける。「まぁ、とにかく、お伝えしますが、どの男性のお客さまも女性用トイレで髪やメイクを直されるので、女性スタッフは男性用トイレを使用しなければならないんです」

「えぇ～、教えてくれてありがとう」スタンと僕は声を揃えた。

翌朝早く朝食をとると、大部屋に直行してブースを開けた。お客さま対応で本当に忙しかった。彼らはものすごく僕らと話したがるので、選ぶのも買うのも、えらく時間がかかった。誰もがキンキーブーツ工場の番組を知っていて、あらゆる詳細を知りたがった。正午までには、キンキーブーツ物語を僕らは「暗唱」できるようになっていた！

昼食の直後、ジーンズに開襟シャツを着た男性がブースにやってきて、しばらくの間うろうろしていた。彼は遅れて到着したそうで、自分のある衣装用に特別な一足が要るため、気になって靴を見ているそうだ。普通の男性だったけれど、僕の目にとまったのは、彼のとてつもなく魅力的なガールフレンドだった。彼らは延々とBBC2のテレビ番組について話し、何杯かビールをおごってもくれた。本当に素敵な面白い人たちで、三〇分ほど僕らを楽しませてくれた。彼らは靴を買うと去った。後でバーで会う約束をした。

そして夜のイベントが始まった。特別なガラ・ディナーの後は、ショー・ナイト。盛大なパーティーで、誰もが前夜よりさらにグラマラスに着飾って集まっていた。「白く輝く歯とティアラ」だらけだった！

この夜の目玉は、「ミス・レパーティー」ビューティー・コンテストだ。一〇名の出場者が番号札を手に歩くという点では他のビューティー・コンテスト同様。司会者が全出場者に順番に質問すると、まるでミス・ワールドのように、誰もが動物を愛し世界平和を望みますと答えた!!　声援や口笛で観客も出場者と同じくらい楽しんでいた。勝者が選ばれると逆順で発表され、優勝者の名前が読み上げられると、会場は熱狂した！　お決まりのたすきがかけられ、きらめくティアラが載せられ、もちろん、彼女は泣いた！

それから賞品の当たるくじ引き大会、僕らは、くじのチケットを購入していた。運よくスタンが賞品のひとつを当てた。さて、スタンは深剃りした後でも、まだ濃い髭の跡が残っているような男のひとりだ。さぁ当ててみて、なんとスタンの賞品は、美容サロンでの三パーツ分のレーザー脱毛とフェイシャル・トリートメントだった！　彼にユーモアのセンスがあってよかった！　今度は僕が、笑う番になった。

この夜の次のイベントはディスコだ。ディスコは失敗するに決まっているので、これはバーに向かう時間と判断した。なにしろ、「野郎」はディスコで踊らないというのが周知の事実。それなので当然、この見事に着飾ったどのガールズも、ディスコには参加しないだろう。いやいや、大間違い！

司会者がディスコは真夜中まで続くと言った途端、ハンドバッグを揺らしながらすべての「ガールズ」が、キラキラとボールが輝くダンスフロアーの中心へ向かって殺到した。それはまるでラグビースクラムのようだった。すべてのハンドバッグは真ん中に投げ入れられ、ダンスが始まった。でもそれは、女性が踊るようなものではなく、実に「オヤジ踊り」――過去五〇年間、男たちが踊る言い訳として永続させてきた、時代遅れのツイストの動き！

僕はスタンの後についてバーへ喜んで逃げた。カウンターに寄りかかって、周囲で繰り広げられた信じられないような夜のことを話していた。すると突然、誰かが僕の肩をたたいた。ゴージャスなガールだった。

「ハーイ、スティーヴ、どう？　楽しんでいる？」彼女が誰なのかさっぱり見当もつかなかったけれど、この美しい人物が話しかけに来てくれたことをとても光栄に思った。

「おぉ、すごい」頭の天辺から足の爪先まで眺めながら「ファンタスティック」と僕。

「気に入ってくれた？　あぁ、とっても嬉しい」彼女が続ける「この靴、履いているの。どう思う？」僕ら「ディヴァイン」のダイヤモンドピンヒールに美しく包まれた足を彼女は指さした。

スタンがそわそわと落ち着かなくなっているのが横目でわかった。明らかに、僕に何か言いたそうだ。ついに彼の方を見ると、スタンが耳打ちした。「わからないのか？　彼女、さっき展示ホールで酒をおごってくれた、ゴージャスなガールフレンドといた男だよ」

僕がこういう時に常にすること――顔を真っ赤にして、彼女をじろじろ見た。

「あぁ、そうだ」現実味なく僕は言った「素敵だよ、とっても似合っている」同じくゴージャスなガールフレンドは、僕が彼女の魅力的なパートナーが誰なのか、糸口も見つけられずにいるのを明らかにわかっていたので、腹を抱えて笑い、「あなた、彼女のことが好きなんでしょ？」挑発的にニヤニヤした。二人は大爆笑、「ガール」が普通の声で「俺の勝ちだよな?」と言った。

「ですね、本当に気づかなかった」僕は認めざるをえなかった。

「靴でも?」彼女はバレエのポーズを真似て爪先を立て、自慢げに新しい靴を小刻みに振り動かした。「この靴、とーっても素敵。もう、明日もっと買わないと。でも今、私たちは踊りに行かなきゃ!」二人はダンスフロアに飛んでいった。

もう一杯注文してバーで立ちながら人々を観察した! 部屋の向こう側には美しく着飾った三人の「ガールズ」がいて、テーブルの上の空グラスの山から判断すれば、全員かなり酔っ払っていた。彼女たちは議論に花を咲かせている。

「あそこでは、何が行なわれているんですか?」僕はバーテンダーに小声で聞いた。

「ご心配なく」彼は微笑み、見渡しながら布でグラスを拭きつづけた。「あの方々は、毎年いらっしゃって、これは恒例なんです」

「他の参加者たちが、指摘することはないんですか?」スタンが尋ねた。

「まぁそれが、ないんです」若い男は答えた。「楽しみのひとつです。三人ともフォークランド戦争中に軍隊にいて、緑の服の方が陸軍、赤いトップスを着ている方が王立海軍、もうひとりの、いつも青を着ている方、彼女は王立空軍に所属していました。ひたすら思い出話をして、グースグリーンでの戦いで最も実践の準備ができていたのは誰かとか何とか、議論するのが大好きなんですよ! 極めて無害ですし、何と言ってもバーにとっては良いお客さまですから!」

その時、僕らから少し離れたところに、別の「ガール」がいることに気づいた。彼女は寂しそうだったので、今や、より解放されたスタンが「大丈夫ですか?」と声をかけた。

「えぇ、問題ないです」彼女は強いグラスゴー訛りの低い小さな声で「大丈夫」とつぶやいた。

「楽しんでますか?」スタンは話しかけつづけた。

「はぁ、はい、もちろん。大丈夫」彼女は確実に、その夜かなり飲んでいて、ちょっとろれつが回らなくなりはじめていた。

遅い時間になってきて、彼女の姿はその夜の時間の経過を物語っていた。カツラは傾き、アイシャドウとメイクはこすれて滲み、早い時間には魅力的だったに違いないサファイアブルーのタイトなドレスはずり上がり、ストッキングとガーターベルトはずり落ちていた。相当な大酒飲みの集いにいたように見えた。

最も異彩を放っていたのは、バーにもたれかかる彼女が、あなたが期待するような小洒落たジントニックのグラスではなく、ニューキャッスル・ブラウンエール[*3]の大瓶にストローをさし、時々ストローを唇に運んでは、ちびちび飲んでいたことだ。

かなり奇妙に見えた。それはそうとして、僕は元気づけるため「すごく素敵だね」と声をかけた。

「あら、ありがとう、優しいのね」彼女の顔が喜びで輝き「あたしたち、頑張りたいの、わかるでしょ」と続けた。

「伝わってくるよ」僕はそう言うと「ハーモニーウィークエンドのことを、少し聞いてもいい？」と尋ねた。

「もちろん」ビールの瓶を僕らのそばに移動させ「何が知りたいの？」カウンターに肘を乗せたまま、近づいてきた。

本当は、たくさんのことを知りたかった。でも、あまり私事に立ち入ったり、何より彼女を困らせたりはしたくなかった。すごく聞きたかったけれど、なぜニューキャッスル・ブラウンエールの大瓶をストローで飲んでいるの？とはあえて聞かなかった。聞きたい衝動を抑えた！

とても率直に、喜んで話してくれた。スタンと僕が、ありがちな質問をいくつかすると、彼女は突然、自分のことを話しはじめた。ビール瓶をカウンターに置き立ち上がって胸を張り「当てられないと思うけど、あたしの趣味は何だったでしょうか？」質問を投げかけてきた。彼女は非常にがっちりとした体格をしていた。

「うーん、ガーデニング？　スポーツ？　ラグビーかな？」僕は率先して答えた。

「絶対に、わからないでしょうけど」大きな声で笑い「あたしは、重量挙げの選手でした」満面の笑みが弾けた。

「本当に？」スタンは服と靴を眺めつつ、あまり信じていなかった。

「ええ、あの頃は楽しかった。あたしがこんな格好しているから信じられないのは、わかるわ。でも、見かけで中身を判断しちゃダメよ」

「そうだね、キミは今でも健康で鍛えているように見えるし、今夜のドレスアップした姿も素敵だよ」

「もう、あんた優しすぎよ」彼女はスタンの肩に手を乗せ「年寄りに優しすぎるのよ！」

「だけど、もうひとつだけ、聞いていい？」僕はどうしても、この立ち入りを我慢できなかった。ただ知りたかった。

「どうぞ」と彼女。

「なぜ、ビール瓶にストローなの？　ジントニックとか、バカルディコーラみたいな、キミの素晴らしい見た目にもっとピッタリなドリンクを飲めばいいのに」

僕の目を真っ直ぐに見つめ、彼女は頭を仰け反らせた。

大笑いしながら、強めのグラスゴー訛りで「口紅がヨレると嫌だからよ、わかった？」

スタンと僕は大爆笑。突然加わった新たな友人は、急に今さっき自分の言ったことに気づいて言い放った。「あぁ、そんな贅沢なお酒は飲めないわよ、むしろビールを飲みつづけるわ!!」

楽しさ満載で信じられないような非現実的な夜、こんなにも面白くて新たな経験をした夜の後、スタンと僕は自分たちの部屋という聖域に戻った。翌朝、ブースを片づけアールズ・バートンへ帰る前に、半日だけ販売した。

スカボローでのショー、ホテル、新しい顧客と新たに出会った友人たちは、今日でも、僕の思い出の中の特別な場所にある。それは今までに僕が過ごした、最高な「野郎たち」との週末のひとつなのだ。


「ヒールは、足の裏にいい！」

スティーヴ・ペイトマン

18 映画館のスクリーン

またまた別の電話が！　今ではこうした仕事の問い合わせは電子メールでなされるだろうけれど、あの頃（それほど遠い過去ではない）、すべてのやりとりは電話やファックス、手紙で行なわれていた。しかし、不便だった……。『トラブル・アット・ザ・トップ』の成功後、ほぼ途切れることなく電話が鳴り、その多くは無に帰した。テレビ局、雑誌、あらゆるメディア団体が興味を示してキンキーブーツに足を踏み入れようとしたけれど、実際に行動に移した媒体は、ほんのわずかだった。

そして一二月のある日、工場の階にいるとロージーがブザーを鳴らした。映画会社からの電話だと言う。僕は気が重かった。

さて、誤解しないでほしいんだけど、映画会社からの問い合わせなんて、いつもだったら興奮で胸が一杯だっただろう。でも一二月、最も望んでいなかったことは、主要な任務から気をそらされることだった。どの靴工場も、クリスマスまでの数ヵ月間が常に最も忙しい。すべての生産を終わらせるには日中の時間が、まったく足りないのだ。

スカボローからの大反響は言うまでもなく、エロティカからの新たな通信販売の注文、デュッセルドルフからの新しい注文とサンプルのすべてを仕上げるという、精神的重圧が僕らには加わっていた！

特にこの一二月の日は、何もかも、うまくいかないようだった。僕はかなり神経をすり減らしていた！　機械の故障、必需品の不着、ものすごい速さで忍び寄る期限、従業員の病欠――何をやっても埒が明かない日で、本当にダメダメだった。

これらに加えて、さっきお伝えしたように、ほとんどのメディアからの電話は実を結ばないという事実。電話に出る気力がほぼなかった。でも一番近くの電話へ向かった。やれやれ、この後に起きたことを僕は後悔している！

「はい、スティーヴ・ペイトマンです。何でしょう？」かなり非協力的に聞こえたことだろう。

「はじめまして、ロンドンにあるハーバー・ピクチャーズのピーターと申します。あなたとＢＢＣの番組『トラブル・アット・ザ・トップ』は存じております。とても良い話ですね。私は、この話が素晴らしい映画になる可能性を秘めていると思っておりまして。ハーバー・ピクチャーズの経営者、ニック・バートンにその話をしたところ、彼も番組を見ていたようで、これは制作すべき映画であると、まったくもって同感でした」

彼が話している間、僕の視界にあったのは未完成な状態で棚に置かれた靴とブーツの山だけだった。嘆かわしいことに、僕は彼に短気を起こした。

「すみません、その件に割ける時間が本当にないんです。私どものお客さまが最優先ですから」僕は息を吸った「クリスマス後、もしまだ興味がおありで、我々が通用すると思われたら、新年に連絡してください」そう言うと電話を切り、していた作業に戻った。

クリスマスが訪れ、去っていった。すべての注文は出荷され、顧客に届き、僕らは休暇を取った。工場は新年が明けると、すぐにフル稼働を再開した。

一月は、去年緊急でやるほどでもなかったことをする時だ。返事を書かなきゃならない手紙、他の事務作業が山積みだった。ふいに作業服に手を突っ込むと、紙切れに触れた。ピーターの名前と電話番号だった。

その時、罪悪感に襲われた。電話で彼に対して非常にそっけなく、僕は拒否するような感じだった。この許しがたい態度が原因で、もし彼が連絡しないと決めていても、僕は彼を責めないだろう。

だから、電話をかけた。

「怒鳴りつけたりしないですよね？」ピーターは遠慮もせず、はっきりと言ったけれど、僕は冗談だと思った。

「しません。一二月の対応、誠に申し訳ありませんでした。恥ずかしながら、本当に最悪の日だったもので」本意が伝わることを願った。

「ご心配なく。誰にでもあることです」穏やかで礼儀正しく、とても理解ある話しぶりだった。

「過去のことは水に流して、とにかく、新たに始めさせてください。どうしたらいいですか？　あのぉ、あらゆる人々から興味関心が寄せられても、そうした問い合わせから何も生まれないことがほとんどで、私の時間と努力は無駄になり、希望は頓挫や中止で、何度も打ち砕かれてきています。なので少し懐疑的なんですよね」

「気をつけろ、スティーヴ」僕は思った。**「新年の抱負、新しい始まり、新たな思いつき、新しいプロジェクト？　誰にもわからないぞ？」**

「そうですか、お気持ちお察しいたします。でも私たちは、他の方々よりかなり真剣です」彼は一瞬、間をとると「『カレンダー・ガールズ』って、聞いたことはありますか？　ヨークシャーにある婦人会のメンバーで、彼女たちは慈善活動のためカレンダーのモデルを……」

「あぁ、知っています」僕は口をはさんだ。「そのために、彼女たちは服を脱いだ」

このカレンダーは、ラウンド・テーブルの会合で一度、慈善活動として男性版をやってはどうかと話題になったことがあった。

「はい」彼は続けた。「私たちは、この物語を長編映画にする権利を獲得しています。そして実際、今は初期の製作準備段階にあります」

「それで？」突如、僕の関心が彼に向けられた。

「御社の物語は、我が社の将来計画にとても合うと考えています。普通の人々が並外れたことをするという非常に英国的な話です。きっと成功するでしょう」彼は黙り、僕の反応を待った。

彼が長く待つ必要はなかった。「おぉ！」僕は声を上げた。「はい、もちろん興味があります。これからどうしますか？」

「まずはじめにお伺いしますので、会って、あらゆることについて話し、可能性を探り、そこから話を進められれば、と」

「そうしていただけるとありがたいです」彼の来訪日を決めた。新しいプロジェクトを計画するには一年の中で絶好の時期だった。

彼がやってきた。工場を見てまわり、何人かのスタッフ、従業員と会った。僕はテレビ番組の写真やカタログを見せた。ほとんど一日中、一緒だった。昼食ではパブへ行き、村の様子を少し見せることができた。

とてもいい人だった。すぐに意気投合して、僕は彼を好意的に受け入れた。なにしろ、自分のところに僕を来させるのではなく、わざわざ会いに来てくれたのだから。それは期待できるもので、彼の言葉から、僕らの物語に真に興味をもってくれていると確信した。

「本当に興奮しています」工場に戻りコーヒーを飲みながら彼は言った。「ハーバー・ピクチャーズのパートナーと、このすべてを共有するため戻らなければなりません。連絡を取り合って、お知らせします」

みんなに死ぬほど言いたかったけれど、僕は当分の間、口外しないと約束した。兎にも角にも二週間後、またピーターから電話があった。

「スティーヴ、こちらではたくさん話し合いました。『トラブル・アット・ザ・トップ』のテープも入手済みです。これは素晴らしい映画になりうると、我々は考えています」

「よかったです」僕は情熱を込めて答えた。

「ニック・バートンとスザンヌ・マッキー、同じくハーバー・ピクチャーズのプロデューサーたちと共に伺う計画を立てています。お会いして、周辺を見てまわりたいなと。私は地域内の古い工場をいくつか訪ねたくて。靴業界がかつてはどのようなもので、今はどうなっているのか知りたいんです。人々と会って話して、靴の博物館を訪れて、ブーツと靴にどっぷり浸りたいんです！」

彼の興奮は伝染した。再会が待ち遠しかった。ピーター、スザンヌ、ニックと、靴作りの魔法を共有したくてたまらなかった。

僕は彼らに工場を案内してまわった。真っ赤なパテントレザーの太もも丈ブーツが裁断されるのを初めて見た時、三人の目が輝いた。彼らが、この物語が真実であると信じた瞬間。決定的瞬間だった。赤いパテントブーツが作られている強烈なイメージに、三人は感銘を受けた。ニックが言った。「「見せて伝える」ために一足、持っておこう！　我々と周りのみんなを鼓舞するため、この真っ赤なブーツをオフィスに置くんだ」

こうして彼らは一足のセクシーな赤いパテント素材の太もも丈キンキーブーツを購入した。この時、僕はこの人たちを信じはじめた。彼らは、僕が初めてキンキーブーツに触れた時と同じ目をしていた。またしても、あの迫力あるブーツが魔法をかけたのだ。

僕は多忙だったので、州内を案内してくれるよう父に頼んだ。父は彼らを、かつては主要な雇用の場であった工場が今や幽霊のように過去の面影となっている古い靴作りの村々へと連れていった。靴作りの秘話や、その地域で暮らし働いた人々のことも、父はたくさん伝えた。

彼らはノーサンプトンのブーツと靴地区［Northampton's Boot and Shoe Quarter］を見てまわった。以前はどの角にも靴工場があったけれど、今ではそのほとんどが現代的な集合住宅に転換されている。

父は国公認の靴コレクションを所蔵するノーサンプトン博物館にも連れていき、ピーターは専門家にノーサンプトンシャー州の靴産業の歴史と経済活動について質問した。彼らは明らかに、靴作りのあらゆる側面に興味をもっていた。可能な限り真実性のある映画にすることを切望していたので、調査は彼らにとって計り知れないほど貴重なものだった。

計画を練り「新たなプロジェクト」の未来を話し合うため、彼らはロンドンへと戻った。次のステップは、僕がロンドンへ行きハーバー・ピクチャーズのパートナーおよびチームと会議をすることだった。僕は対面すると、飾ることなく自分の話をした。何から何まで。彼らはたくさんの質問をして、大量のメモをとった。僕の話にとてつもなく興奮していたのは驚きだった。全員の意見が、素晴らしい映画になる可能性を秘めているという点で一致した。でも、その後に、ちょっとした爆弾発言。

「英国映画一〇作品のうち九作品は、映画館で上映されないことをご存じですよね」ニックが言った。彼の言葉はまったくもって、僕を現実の厳しい世界へと引き戻した。「いずれの作品もアイデアと物語があるのは非常にいいのですが、財政的支援なしでは、大半の映画が生まれる前に死んでしまうんです」

「では、私の話が採用される可能性は、どの程度でしょう?」話しながら、僕はテーブルを見渡した。「これは、九のうちのひとつですか、はたまた、一〇のうちのひとつになりうる?」

常に楽天的なピーターが急に甲高い声で話しだした。「私の考えとして、これは「一〇のうちのひとつ」です。我々は『カレンダー・ガールズ』への支援を獲得できていますが非常に英国らしい話で、出資者はとても気に入っていました。ですから、この作品も気に入るだろうと思います。これは理想的な「後続的投資」になるのではないかと。間違いなく大手に有利にはたらくでしょう。でも、第一に脚本を完成させなければなりません、彼らにそれを売り込むのですから。それなので内部関係者、専門家として私たちを助けてくれるあなたの存在は、かけがえのないものでしょう」

これは僕にとって朗報だった。どのように英国の映画製作者が自分の話を扱うのか、少し警戒していたので最初からの参加は重要だ。彼らはハリウッドに寄せすぎてしまうのだろうか? BBCは素晴らしかった。本当に良い面を強調して見せてくれて、僕の話に忠実だったから。

大画面の映画でも同じことができるだろうか? 実際に起きたことをどれくらい変えるのだろう? 業界、工場、従業員、顧客、友人、そして家族をどう見せるのだろう? それはまた別の信念に基づく行動だった。結局のところ、これは僕の物語だ。僕の考え、僕らの人生、僕らの未来だ。再び寒気がして、ぞっとした。これは、もう一歩踏み込みすぎたってこと?

世界中の視聴者を数えれば、最大で一〇〇〇万人が番組『トラブル・アット・ザ・トップ』シリーズの「キンキーブーツ工場」を観ていて、そこでどのように語られていたのかを知っている。番組はドキュメンタリーで事実に基づいた真実だった。大成功を収めたのだから、真実を歪め美化しすぎることなく、どうやってさらによくするのだろう?

僕は途方に暮れた! 一体全体どうやって映画として成立させられるのだろう? キンキーブーツは「スター」かも

しれない、だけど履いて命を吹き込んだのは人間だ。彼らのことは僕が最も心配していることだった。僕は常に、自分の物語を守ってきた。でも今は、彼らの世界に入ることを許してくれた現実の世界にいる人々を、僕はさらに大切に思うようになっている。ブーツや靴を買い、僕らに活気を取り戻してくれた男性、女性そして「ガールズ」。

僕らはいつも、最大限の敬意をもってお客さまと接し、信頼を得てきた。彼らが冷やかされたり不利な状況になったりするのを見ることだけは、絶対にしたくなかった。僕は常に、少し「魅力的なこと」に乗り気だけれど、多くの本当に素晴らしい顧客や、知り合って大好きになった新たな友人たちを犠牲にするつもりはない。製作者は脚色しすぎたり、今、僕らが真剣に受け止めていることを歪曲したりしないだろうか?

ニック、スザンヌ、ピーターは、ハーバー・ピクチャーズとの『カレンダー・ガールズ』製作委託に続いて同様の関心を示すディズニー社系列のブエナ・ビスタ・インターナショナルと会議を重ねた。彼らはとても熱心で、脚本をまとめる第一段階を依頼した。

最初の脚本家が見つかり会議が設定された。僕は話をして、脚本家がそれを録音して、多くの質問をして何枚ものメモを走り書きした。テレビ番組のこと、ショーのこと、デュッセルドルフにエロティカ、さまざまな物語、逸話、ブーツでの歩き方を学んだこと、脚の毛を剃ったこと、僕らの信じられないような旅路で出会った素晴らしい人々や個性的な人々について、僕らは話し合った。

最初の脚本が玄関先に届いた。それは僕らが望んでいたものではなかった。書き手のピントが完全にずれていたのだ。彼女は北部出身で、アールズ・バートンや僕らの工場を「イー・バー・ガム」や「イッキー・サンプ」[*1]タイプの人が出てくるブレイク[*2]の『エルサレム』にある陰気な「闇のサタン工場」のようにしていた! これはもはや、ノーサンプトンシャー州の話ではなかった。

なので、その脚本と脚本家とは「さよなら」した。この後、ジェフ・ディーンが脚本を書くため参加した。優れた仕事をして物語に命が吹き込まれはじめた。ジェフはかなりの数の草稿を書いて、それはどんどんよくなっていった。

でも、まだ何かが足りないと考えたニック、スザンヌ、ピーターは、この段階でもうひとりの素晴らしい脚本家ティム・ファースを連れてきた。彼らと取り組んだ『カレンダー・ガールズ』における先だっての成功もあり、この仕事にまさにうってつけの人物だった。彼の投入で物語はほぼ完成した。

ついに、真髄が何か心の底から理解している脚本家たちを迎えた！　彼らは陽気なユーモアと感動を引き出した。僕にとって何よりも嬉しい驚きは、メッセージ性のある物語になっていたことだ。見事だった。彼らはすべてを、人目を引く素晴らしいものにした。

多くの人は、大手映画会社があなたの話を取り上げて映画化したら、モデルである人物には何百万もの報酬が支払われるだろうと想像するかもしれない。だが実際は、そうではない！

ハーバー・ピクチャーズからは、僕がこの話を他の人に売らないよう、話の権利を保持するための支払いを受けた。そこからは、プロジェクトの進行に応じて一定の間隔で「段階的な支払い」がなされる。

とにかく脚本が完成し、次のステップは、出資者たちが僕に会いたがっているということだった。「なんだって」と思った。「すべては僕次第ってこと?」今や彼らは、本人から直接この話と情熱を聞きたがっていた。

そこで再び、僕は頼りになるきしむスーツケースと、緊張で心臓をバクバクさせながらロンドンへ向かった。

僕は神聖な場所にいた。ディズニー・ビルディングの大きなドアを通って歩く、それはもう「ひのき舞台」で、神経がすり減る経験だった。広々とした入り口ホールには、ずらりと並ぶゲームセンターにいる片腕の盗賊たちのような物体。実はそれらは会計機で、各機の上には新作の大ヒット映画の名前が明示され、スクリーンには全世界での興行収入が分刻みで表示されていた。

僕らは上の階にある役員室で会うことになっていた。そこはテニスコートくらいの広さで高級感があって豪華絢爛。ディズニー映画のスチール写真が壁に飾られ、白雪姫、ピノキオ、バンビといったディズニーキャラクターの大きな磁器の人形が部屋のいたるところに置かれていた。みんな、そこにいた。実際、そのうちの何体かは僕の目の前のテーブルの上にいた。

礼儀正しく自己紹介をすると、彼らは僕がキンキーブーツを持参しているか尋ねた。スーツケースからサンプルを何足か取り出し、部屋の全長を占める異様に長いテーブルの上にそっと置いた。鮮やかな赤で光沢のあるPVC素材のキンキーブーツは、官能的な存在感で部屋を満たしているようだった。そのオーラは、純潔なディズニーの楽園では完全に場違いに見える、禁断のセクシーさを放出していた！

迎えてくれた人たちは心からの興味関心を示してくれた。みっちり一時間半、僕らは話し、会議は非常にうまくいった。その後、地元のレストランで昼食をとった。打ち合わせ内容はほぼすべて、あらゆることを網羅していた。とてもしっくりきたので、初めてこれが実現するかもしれないと僕は思った。

ちょっと高揚した状態で帰路についた。結局ディズニー・ビルディングに座っているだけでも、バートン出身の若造にとっては、最もありそうにない冒険のハイライトに違いなかった！　ＢＢＣはひとつの大きな衝撃だったけれど、これはハリウッドの英国側だ。あとは潜在的な後援者たちが、あの短い、しかし重要な単語を言うだけだった。「イエス！」

数週間、映画の件を黙っているのはかなり辛かった。知っているのは父とサラだけ。世界で最も困難なことのひとつは、大きな秘密を長い間守りつづけなきゃならないってことだ。

脚本が完成して、ニック、スザンヌ、ピーターは、ジュリアン・ジャロルド監督を迎え入れた。意見を反映させ、ニックとスザンヌは脚本に磨きをかけていった。この後、ジェフ・ディーンの原作から映画用の撮影台本を作成するため、ジュリアンとティム・ファースが初対面を果たした。この台本を手に、企画は映画製作の承認を得るためブエナ・ビスタに提出された。彼らは映画化にゴーサインを出すだろうか？

その後、ハーバー・ピクチャーズのニックから電話がかかってきた。「やりました、後援を獲得しました」

「よっしゃー！」僕は興奮してオフィスの椅子から飛び上がった。

「落ち着いてください、スティーヴ」ニックが言った。「これは最初の前向きな段階にすぎません。我々には、まだまだ長い道のりが残されています。実現すると確実に言えるようになるまでには、やるべきことが山ほどあるんです」

ドスンとまた座ってしまった！　当然、彼の言うことは事実で明らかだったけれど、僕は心の奥深くではまだ前向きだった。そして日課に戻った。通常の在庫に加えキンキー製品作り、最も大変な部分である映画のことを隠しておくさらに苦痛な数週間が再び訪れた。

言うまでもなく、アメリカおよびディズニー社の承認を要する手続きや契約がいくつかあった。僕が強く要求した一件は、我が社の従業員の名前を必ず変えることだった。個人が特定されるリスクを避け、決して滑稽に見えないようにすることは重要だ。なにしろ僕は、映画が完成して公開された後も、彼らと共に生活するんだから。

長年にわたって人々は僕に「なぜノーサンプトンの代わりにアールズ・バートンが映画のロケ地に選ばれなかったの？」と質問してくるけれど、その理由は、もし映画が不評だった場合、生まれ故郷の村の評判を永遠に落とすようなことはしたくなかったからだ。

ノーサンプトンは、英国におけるブーツ・靴製造産業の中心地で、それゆえ世界的な評価を得ている。国内の他の地域、あるいは世界中で鑑賞する人々にとって、アールズ・バートンという小さな村は、おそらくあまり意味がないだろう。キンキーブーツが世界中で大評判になるにつれて、地元「バートナーたち」は今や、ノーサンプトンがすべての名声を手に入れたことにかなり嫉妬している。そううまくはいかないものだ！

この時点で僕は、この件を家族と共有してもいいか聞いた。「神託神殿」である父のもとを再訪する時だ。父に伝えたいことがたくさんあった。僕は言った。「父さん、映画会社がキンキーブーツの話の映画化に興味を示しているって話したこと、覚えているよね」

「そうなの？」父は現実味なく答えた。

「そうだよ、話は進んでいる。映画会社が僕らの話を撮影するんだ」

「わぁ、それはすごいな！」父がかなり声を弾ませた！「私も出てくるのか？」

どうやって切り出せばいいんだろう？　哀れな父は、台本の三ページ以降に進めなかった！　正直に言うしかなかった。

「あのね父さん、今、父さんは健康で元気だけど、物語をよりドラマチックに盛り上げるため、残念ながら映画の最初の五分以内に、僕らは葬儀で、アールズ・バートン教会の墓地に埋葬される父さんを見ることになるんだ！」

「何てこった！　少しも人気者になった気分じゃない！　私を演じるまぁまぁな役者を見つけられなかったのか？」かなり傷ついたように言った。父が冗談で言っているのか否か、僕にはわからなかった。

そのうち父はこのショックから立ち直り、後でわかるけれど、実際、映画のこの場面からかなりの恩恵を受けることになる。

ニックは素晴らしかった。彼は定期的に電話で映画の進捗状況を知らせてくれた。そして、大きな知らせがやってきた。

「待ちに待っていた瞬間に、ついに辿り着きましたよ、スティーヴ」彼は伝えたくてたまらない。「我々は、映画のキャスティングを始めました」

彼らは僕がショックから立ち直るのを手伝わなければならない？　それとも、そんな気がしただけ？

「素晴らしい知らせですね。では本当に実現する？　これは実際に起こるんですか？」

「はい、スティーヴ！　キンキーブーツ、ザ・ムービーの製作が決定しました」

嘘じゃない、実現したんだ!!!

「ヒールは、雄弁に物語っている」

スティーヴ・ペイトマン

19 ローラとチャーリーの誕生

『キンキーブーツ』の監督ジュリアン・ジャロルドとハーバー・ピクチャーズの面々、そしてキャスティング担当者は、ハリウッドの映画祭にいた。主人公のひとり、ローラを演じる俳優を探していたのだ。

ティムとジェフは、すごいアイデアを思いついていた。セクシーなブーツを求めて工場を訪れ、最終的にデザインチームの一員となる中心人物、ドラァグ・アーティストでキャバレー歌手のローラを生み出したのだ。それは完全なフィクションだったけれど、僕は了承した。結果的に、とても面白い状況と、とてつもなく感動的な瞬間をもたらしていたから。

なんとなく、僕はローラを、金髪のカツラをかぶり、すねたようにセクシーに唇をとがらせる、予測可能な白人の異性装者なんじゃないかと考えていた。だからキウェテル・イジョフォーに決まったと聞いた時は、「誰?」という状態。すでにお伝えしているように、有名人は僕の得意分野じゃない!

彼が英国で最も人気のある若い黒人俳優のひとりということを、僕は知らなかった。演劇学校の学生時代に、スティーヴン・スピルバーグが彼を見出してハリウッド映画『アミスタッド』にキャスティングしたことさえ知らなかった。『キンキーブーツ』はイジョフォーの九本目の映画になるだろう! 彼は、ロンドンのウエスト・エンドでいくつかの舞台に出演し、英国国立劇場で上演された演劇『ブルー/オレンジ』でのローレンス・オリヴィエ助演男優賞を含む数々の賞を受賞していた。『キンキーブーツ』が英国と世界中で公開されて、キウェテルがゴールデン・グローブ賞のミュージカル・コメディ部門最優秀俳優にノミネートされた時の誇りを、想像してみて！　『キンキーブーツ』以降、彼は『それでも夜は明ける』での英国アカデミー賞や、米国アカデミー賞ノミネートを含む数えきれないほど多くの賞を受賞している。英国での評価はとても高く、女王陛下から大英帝国勲章コマンダー（ＣＢＥ）が与えられている。彼はローラ役にふさわしい人だった！

ニックに、彼がこの役に抜擢された理由を何の気なしに尋ねた。「そうですね、彼が素晴らしい俳優であり歌手であるという事実は別として、カツラを入れた買い物袋を提げてオーディションにやってきたのは、彼だけでした。カツラをかぶると、**まさに**ローラで！　迷うことなく、決まりでした」

「それで、誰が僕を演じるんですか？　ユアン・マクレガー？　ヒュー・ローリー？」

聞いたことのあるすべてのイギリス人俳優のことを考えはじめた。何だかんだ言っても結局、自分がどんなふうに描かれるべきなのか、僕には当然大きな構想があった。

「はい、すでに決まっています。彼は『スター・ウォーズエピソード2／クローンの攻撃』と『スター・ウォーズエピソード3／シスの復讐』のオーウェン・ラーズ役、『キング・アーサー』のガウェイン役、『ウォーリアー』と『華麗なるギャツビー』のリメイク版[*1]にも出ています」

「すごい！　彼の名前は？」僕は感動した、でも誰？

「ジョエル・エドガートン、オーストラリア人です」

「おぉ！　そうですか」オーストラリア人が僕を演じる？　よく理解できなかったけれど彼らを信頼した――そうせざるをえなかった！　そしてもちろん、報われた。

プロデューサーたちの意向で、僕はジョエルの手伝いをすることになった。靴が作られてゆく過程を僕らが使う専門用語の説明をしながら録音して、ノーサンプトンシャー州訛りの話し方を彼に伝えるよう頼まれた。だからジョエルのオーストラリア英語を僕の「バートン」英語に置き換えられるように、一部始終をテープに収めた！

本当に正直にいって、映画を観た時、オーストラリア訛りをまったく見つけられなかった。彼は素晴らしい仕事をした！

もしあなたが映画やミュージカルの『キンキーブーツ』を観ていたら、二人の主人公が僕の再現であるチャーリー・プライスと、ドラァグ・クイーンのローラだと知っているだろう。もうお気づきかもしれないけれど、この実話にローラは存在しない。では、華やかで型破りで才能溢れるローラは、どうやって生まれたのか？

脚本家たちが僕の人生を映画化のために脚色していた時、『トラブル・アット・ザ・トップ』の展開では、W・J・ブルックス社の運命は大作映画にふさわしい「ドラマチック」なものにならないことが判明した。劇的な逸脱がその役目を果たさなければならなかったし、観客をすぐに引き込むため、最初からかなり華やかな登場人物が必要だった。僕らの工場が面白くない、ということではないけれど、物語を成立させるほど刺激的でないことは明らかだった！

主人公として何人ものドラァグ・クイーンが登場しては、複雑になりすぎる。だからティムとジェフは、ひとりだけ、堂々として華やかな、だけど完全に信頼できる存在の創作をひらめいた。僕が現実の世界で出会い愛した多彩な人々やドラァグ・アーティストとのあらゆる関わりを、ひとりの中心的な、忘れられない人物の姿に「変えた」。彼女を、ティムとジェフは「ローラ」と名づけた。

映画の中でローラは美しく着飾り、豊かな髪にハイヒールという魅力的な姿で工場にやってくる！　彼女は訪問中にボス的な登場人物ドンと出会い、彼は好意を抱く。

なんとこれは実話で、本当に**起きていた**。美しい服に身を包んだ異性装者が、共同事業について話し合いたいとルートンからやってきたのだ。彼女はとても素敵な人だった。専属の運転手つきの大きな黒いジャガーで乗りつけ、かなり上品で、王族のようだった！

彼女がどうしても工場見学をしたいと言うので、僕は見てまわりながらさまざまな工程を説明した。聞こえてくるのは男たちが鳴らす口笛ばかりで、謝ると彼女は「私が本当は誰なのか、あの方たちはわかっていると思います？」と微笑みながら言った。もちろんそんな状況に彼女は大喜びだ！

「ご心配なく、後で対応しておきますので！」と僕は答えた。

そして事務所で話し合い、良い考えがいくつか出て、打ち合わせはうまくいった。彼女が帰った後、僕は工場のつり込み部屋[*2]に戻った。

この部屋の人物、バートを覚えている？　まぁ僕は、いつも彼と冗談をかなり言い合っているので、この一件を僕が点をかせぐ瞬間にすると決めた。僕のチャンス。復讐だ！

男性たちはみな彼女のことを話していた。僕は「彼女、見学を楽しんでくれたよ。彼女のこと、どう思った？　この中のひとりか二人、気に入ったんじゃないかなぁ」ウィンクしてつづけた。「革エプロンで、男らしく、汗ばんだ額、彼女は、そういうのが好きなんだろうなぁ。ちょっと荒っぽい感じ」僕は、バートを罠にはめようとした。

奴が話に割り込んできた。「男の中の男が好み、ってことだろ？　まぁ、俺と五分過ごせば、そんな男に何ができるか、わかるだろうよ」

彼は自分のために、この大きな穴を掘りつづけた。彼女が誰で何者か、真実を何も知らぬまま。

「君が彼女に惚れたのはわかった」僕は語気を強めた。

「まったくそのとおりだ」バートが言った。「俺がたっぷり教えてやってもいいぜ」

僕的にはもうこれで充分。悲惨な状況から彼を引きずり出してあげなければ！

「あぁ、バート、きっと彼女もたっぷり教えてくれると思う。じゃ、もし僕が君のために彼女との一夜を用意したら、彼女の求めに応じられると思う？」

「もちろん！　俺がもっているものを見せてやるぜ」彼は昔ながらの腕を曲げる構えをして、パワーを誇示した。

「そうだねバート、**彼**も「たっぷり」教えてくれると思うよ!!!」

バートはぽかんとして、僕を見た。「どういう意味だ？」

「つまりバート――でかした、彼女は彼だ。君の女性の好みは素晴らしい」

他のみんなはヘタヘタと座り込んだ。俺様なバートは工場全体に、何も知らずに、彼女に一生に一度の楽しいひととき を過ごさせてあげると宣言した。僕って、なんて残酷。でも、長年バートから受けた面倒でイライラさせられることへの、仕返しの時だった。

とても気持ちよかった！

誰も想像していなかっただろう。彼女の見た目は完璧で説得力があったので、絶対にわからなかった。スタイル、歩き方、香水、声、とにかく驚異的で、彼女のようなお客さまの需要にもっと応じられたら、僕らは成功するだろうな、とその時僕は思った。

この話は全脚本家に何度もしていて、そこがローラの種が最初に蒔かれた場所だった。「チャーリーとローラ」のやりとりで、僕が唯一頭を抱えたのは、実際には膨大な量の調査をしていたのに、映画の中ではチャーリーが自分の市場を理解していないことだった。

デザイナーそして靴職人として、「エロティック」市場向けにバーガンディー色[*3]のブーツを作ることは、絶対になかっただろう。この色が確実にセクシーではないことを、僕はわかっている。映画を観た人が、本当にあんなことをしたんじゃないかと思ってしまうことを、僕は案じた。ありえないよ！　赤のパテント素材、黒のパテント素材、ＰＶＣがセクシーってことを、僕はわかっていた。バーガンディー色？　**ない、ない、絶対になーい！**

僕はローラの象徴的な台詞に激しく同感だ。「バーガンディー。神さま、私が何かバーガンディー色のひらめきを与えてはいないと言ってください。**レッド、レッド、レッド、**チャーリーボーイ。**赤**はセックスの色！　バーガンディーは湯たんぽの色！　赤はセックス、恐怖、危険、『立ち入り禁止』の看板の色」

こうして、ローラとチャーリーが誕生した。


「ヒールは星のよう、夜になるとより明るく輝く」

スティーヴ・ペイトマン

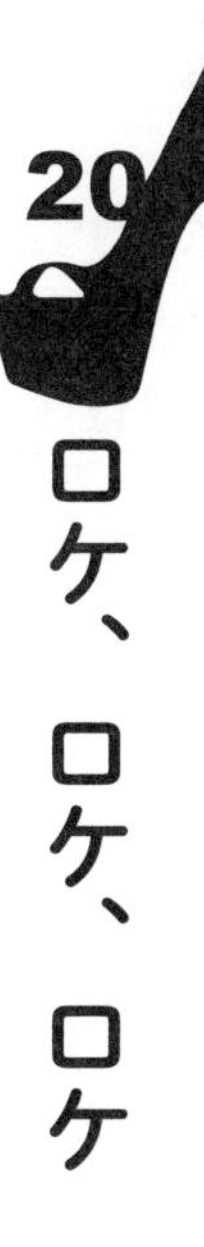

20 ロケ、ロケ、ロケ

ハーバー・ピクチャーズの映画『カレンダー・ガールズ』が公開されていた時のこと。僕とサラはロンドンのレスター・スクエアで行なわれたワールドプレミアに招かれた。嬉しい驚きで、とても光栄だった。僕は黒い蝶ネクタイ、サラはロングドレス――なんとも特別な出来事だ。

レッドカーペットを歩きながら、サラの方を見て言った。「考えてごらん、数年後には、これが僕らの映画かもしれないんだよ」「寝ぼけたこと言わないで」とサラ。彼女はスター専用に仕切られたレッドカーペットのエリアをきょろきょろ見ていた。その時、制服を着た男に端に寄るよう押された。「立ち止まらないで、こちらのご婦人を通してください」

それには身の程を痛感させられた。この映画に出ている大物スターのひとりセリア・イムリーが優雅に通り過ぎるなか、僕はサラと脇に立っていた。スターと遭遇したにもかかわらず「押し退けていくなんて、何様のつもり？」とぼやいた。

カメラが再びフラッシュを光らせた。「彼女の隣にいる白と赤の縞々ドレスの人は誰？」サラはまったく信じられないといった様子で目を丸くし「もう、スティーヴ勘弁して、あれはデイム・ヘレン・ミレンよ！」と教えてくれた。

メディア用の写真撮影をする二人の後ろに僕が入り込もうとすると、サラはスターたちから僕を引き離した。席に着き、この映画を心から楽しんだ。最後にクレジットが流れると僕はサラに「まるで僕たちみたいだね、小さな村での大きな話。かなり並外れたことをしている普通の人々！　マジで数年後は僕らの番になるよ。なんて恐ろしいんだ！」と言った。

これが初めてのワールドプレミアとレッドカーペット体験。僕らの映画は、まだ初期段階だった。『カレンダー・ガールズ』は大成功を収め、ハーバー・ピクチャーズのニック、スザンヌ、ピーターは、『キンキーブーツ』も同じように成功させるぞ、と決意を新たにした。

映画『キンキーブーツ』の計画はほとんど整っていたけれど、撮影場所は依然として決まっていなかった。またニックが電話をしてきた。

「スティーヴ、我々が撮影で二、三週間使えそうな靴工場を、その辺りで知りませんか？」

「あぁ、ニック、難しいお願いだとわかっていただければ」それは不可能な要求だった。もう一〇月、ノーサンプトンシャー州の全靴工場が一番忙しい時期だ。クリスマスが近づいていて、どの工場も、たとえ一日だって生産を止めるなんてできない、ましてや二週間なんて。

「この時期、ノーサンプトンシャー州の工場はどこも忙しくて、てんてこ舞いです。一月まで遅らせることはできないんですか？」わかっていたけれど、なんとか理解してほしかった。「空いている工場のひとつを使うのはどうでしょう？悲しいかな、閉鎖した工場もかなりあるので」

このあたりから、僕の物語は悪い方へと転がってゆく。

残念ながら、あなたは次のチャプター「ブルックスとの別れ」で読むことになるけれど、僕らが作業した実際のキンキーブーツ工場での撮影は、もはや選択肢のひとつになかった。

でもニックは、どうにかすると決意していた。突然、プロデューサーとしての役割が彼を奮い立たせたのだ。「会いに行ってもいいですか、何ヵ所か工場に連れていってくれませんか？　どんな状況なのか自分たちで確認すれば、解決策が見つかるかもしれません」

「もちろん」僕は彼と同じくらい熱かった。

一週間以内にニックはアールズ・バートンへやってきた――製作チーム、大道具やセットのデザイナー、ロケーションマネジャー、そして僕はコンサルタントだ。我々は地元にあるいくつかの工場を訪ね、社長、工場長、機械の専門家など、実際に問題解決に力を貸してくれそうな人々と会った。

「スティーヴ、ロケ地は稼働している工場でなければなりません」ニックが主張した。「使われていない工場の改造は考えられない。費用、遅れ、すべての点で問題です」

すると、まるで「キンキーブーツのおとぎ芝居」の精霊ジーニーが突然現れたかのように、とんでもないことが起きた。トリッカーズはノーサンプトンシャー州のブーツ靴製造業界で誰もが知る老舗メーカーのひとつだ。彼らは日本市場で多くの仕事をしていた。

ハーバー・ピクチャーズが撮影を始めたいと思ったちょうどその頃、日本経済と通貨が不況に見舞われた。トリッカーズは今や、我々がドイツ市場で問題を抱えた時に直面した状況と、まったく同じ事態に陥っていたのだ。そのためトリッカーズは仕事がなく、生産を二週間ほど停止する準備をしていた。これが、映画会社にとっても、トリッカーズにとっても、恩恵となった。工場の賃借料は支払われ、従業員たちはエキストラとして映画に出てハーバー・ピクチャーズから出演料を受け取り、美術デザイナーの仕事は最小限で済んだ。すべてにおいてウィンウィンの状況だ。

脚本は完成、出資者は資金を提供、出演者が決まり、最も重要な工場のロケ地が決まった。

カメラを回せるぞ！

「タイミングと場所が一致すれば、適切な方向への一歩となる」

スティーヴ・ペイトマン

21 ブルックスとの別れ

「ひとつのドアが閉まると、別のドアが開く」常に希望に満ちたドン・キホーテはそう言ったけれど、僕にはそうなるとは思えない時期があった。

アメリカで現地の顧客が破産した時、巨額の損失を出して、結果、何人か解雇せざるをえなかった。その後、外国通貨に対するイギリスポンドの下落で、周囲のドアはさらに閉ざされそうだった。今や、イギリスで僕らから仕入れた製品を海外に輸出している顧客が、打撃を受けはじめたのだ。

ダメージの影響は製造業者だけでなく、完全に将棋倒し。一部の製品は最後の買い手に届く前に、ひとつか二つの「仲介業者」を経由していたけれど、すでに述べたように、我々の製品の九〇%は海外に輸出されているというのは事実だった。僕らに製品を注文していた「仲介業者」は、もはや製品を欲しがらない。彼らも売れないのだ。仲介業者の倉庫は僕らの倉庫と同様に、靴で溢れていた。だから注文を減らしていた。

その後、避けられない電話がかかってくるようになる。「スティーヴ、心苦しいのですが、倒産してしまいました」約六ヵ月にわたり、おそらく月に一社、取引先が廃業した。

アメリカで大きなダメージを受けていた僕らに、さらなる打撃が続く。イングランド北部の男からの電話だ。彼の場合、すべての靴を僕らは作り終え、直接送る準備ができていた。彼はすでに我々に二〇〇〇〇ポンド以上の借金があり、加えて僕らは彼のデザインのために特別に、海外から部品を購入していた。それも今や無用の長物。だから、三重の不運な結末だった。

素っ気なく「倒産しました」と電話で伝えてくる顧客もいれば、もっと誠実な人々もいた。特に忘れられないのは、パートナー関係にあった二人の男性。月に一五〇〇〇から二〇〇〇〇ポンドという大きな取引をしていた。彼らの愛顧は、多額の金と差し替え不要な定期的生産を意味していた。

そのひとりが電話をしてきて、僕に会いに来たいと言う。「私のパートナーが逃げました」僕は彼に同情した。「彼は経理を、私はお客さま対応と販売をしていました。彼は逃げ失せた。私は、これを、このままにしておくことはできません。借金をすべて返済できるように、あなたと何らかの取り決めをしたいのです」

彼は話し合うためにやってきて、支払いを続けた。僕らはいくらか損はしたけれど、彼は正しく立派なことをした。できる限りの返済をしてくれた。それは何年も前の「古き良き」靴商売のようで、すべてが紳士たちの握手で成立する誠実で信頼できるものだった。僕は彼の気持ちを汲んだ。少なくとも彼は、他の顧客よりはるかに約束を守ろうとした。

僕らは常に、なんとか商売を成り立たせるため充分な資金確保に努め、すべての仕入れ先に支払った。それをやりつづけたけれど、毎週支払う給料もあり、状況は厳しくなっていった。

毎週、誰が僕らに借りがあり、仕入れ先に僕らはいくら借りがあるのかを調べ、収支に気をつけ、会社にまだ支払い能力があることを確認していた。しかし、現金資金が減るにつれて、現実を直視しなければならない局面を迎えた。もし僕らが今と同じペースで借金をしつづけたら、あまり時間が経たないうちに、かなり困難な状況に陥って、おそらく廃業せざるをえなくなるだろう。

常に正直で、公正を心がけていた。商売をつぶし、全財産を手に、我が身のことだけを考えるなんて、無理だとわかっていた。多額の借金を背負った債権者を放ってはおけなかった、彼らも破産してしまうから。それをしたら僕は、夜、寝ることもできないだろう。

ますます困ったことに、BBCから電話があって、『トラブル・アット・ザ・トップ』の「再訪」版を撮影したいという。この時点で最も必要ないことだと僕は思ったけれど、前向きに考えれば「ディヴァイン」のこの手の無料広告は、他では絶対にできない。どんな形であれ良い広報には価値があるはずだ。それに加えて、これはブルックスの歴史を完結させるもうひとつの形、次世代のための視覚的記録でもあった。

僕は、来訪は構わない、と伝えたけれど、彼らが最後にここに来た時から状況は変わっていた。今や生産を中止しなければならず、工場を空にして売るという最後の苦闘中だ。これは、僕を動揺させたのと同じくらい、彼らを狼狽させたらしい。最初の番組の間、会社が手にした成功を彼らは覚えていた。しかし今、経済情勢はついに新たな犠牲者を出した。

僕は再び番組に参加できて嬉しかったけれど、我が社の通信販売部門が好調だったこともあって、彼らにはネガティヴな面ではなくポジティヴな面に、焦点を合わせてほしかった。お客さまがブランドに対して、あまり好意的ではない視線を向けることだけは避けたかった。BBCのスタッフは、この頼みを快く受け入れてくれた。

父や他の役員と真剣に話し、工場を閉鎖しなければならない事情を詳しく説明する時がきた。彼らは、移転や再度の人員削減のような、他に何かできることはないのかと尋ねた。

どちらの提案も的外れで、会社を存続させることは今なお難しかった。収支を調べ、あらゆる選択肢を検討した。残された答えは、製造を中止し工場を閉鎖、「ディヴァイン」製品は別の場所で生産してもらい、僕らは卸売りと通信販売の小売店になるというものだった。

決断は急がなければならなかった。やるしかなかった。僕は再び靴連盟と交渉し、全員分の解雇手当と退職日を決めた。

解雇をすでに経験した後であれば、二度目の作業は楽だろうと、あなたは思うかもしれない。そんなことはなかった。それどころか、さらに大変だった。これはひとつの時代の終わり、工場がまたひとつ失われ、英国製造業の破局へのさらなる一歩だった。

避けられないものを受け入れることは、自信喪失、落ち込み、不安や減退を誘発する。新規事業では、何事もなかったかのようにふるまうのが辛かった。新しいお客さまの前で、陽気で熱心で社交的な人物でいることは、まさに生き地獄だった。それは今や私たち全員、特にサラとダンその他の家族を疲弊させはじめていた。僕らは残っている全注文への対応、全仕入れ先への支払い、残りの機械を州内の別の靴製造業者に売却しなければならなかった。

さらに完成していない全在庫の仕上げも。つまり、アッパーと呼ばれる上の部分や底、さまざまなパーツは中途半端な状態では価値がないので、完成した靴にする必要があった。たとえ赤字でも、少なくとも靴であれば売れる。だから、素材を捨てるよりはましだった。

工場の片づけという辛い作業をする間にも、「ディヴァイン」の注文に対応しつづけた。「ディヴァイン」は僕の新しい事業になるからだ。レスターに「ディヴァイン」製品を作ってくれる小さな家族経営の会社を見つけたので、スタンとクラリスは残って、この事業を手伝う決断をした。

僕らがキンキーブーツのために購入した特別な機械、ロール状の素材、ヒールやジッパー、その他の部品などすべてがレスターに運ばれた。製造は続いた——僕らの「ディヴァイン」の靴製品はまだ生産中だった。

隣の倉庫を使えるようにしようと、僕らは必死に取り組んだ。その倉庫は工場に併設されたヴィクトリア様式のテラスハウスだ。父の時代に会社が買い取り、出荷エリアを設けるため、家と工場の間にある壁に扉を取り付けた。おかげでスペースが広くなり増加した生産の役に立った。

僕らは正面に小さなショールームとさらに小さな出荷エリア、上の階に事務所を作った。あらゆる在庫が、新しい「家」に運び込まれた。

閉鎖作業における最終ステージは、この古い工場と倉庫の間にある、最後の繋がりを封印することだった。再びこの建物が独立すれば、それは何年も前と同じように、僕の祖父の、一時は父の時代に戻るだろう。

スタンと僕は、レンチと金槌を手に工場を歩き回り、あらゆる機械を取り外して、持ち上げては一階から三階まで上ったり下りたりして運んだ。外にある廃棄物を入れる大きな鉄製のコンテナにゴミや木材などを詰め込んで、別のコンテナには鉄くずや売れなかった機械を入れた。スタンと僕は、ここ何年かの中で一番、体力があった！

鍵を渡さなければならない日がやってきた。僕らは運がよかった。工場を集合住宅に改装したいという開発業者を見つけられたから。そしてそれはつまり、計画許可申請、用途変更、敷地調査といった膨大な法的手続きをしなければならないということだった。

予期せぬ大きな障害がひとつあって、一一五年間商いをしてきた工業用建物なので、この土地が将来的に有害となる可能性をもった酸や化学薬品、溶液や廃棄物によって汚染されていないか検査を受ける必要があった。

幸いうまく進んで一連の手続きすべてを乗り切った。でも全員、意気消沈していた時期だったこともあり、これは単なる増加したプレッシャー、頭痛の種だった。これ以上に大変なことはなかった。

ついに、工場が空になった。

絶対に忘れられない時間だった。僕はとても小さな頃からこの建物に出入りしていた。古くて汚くて、高窓のガラスは長年の埃で分厚くて、まるで網のカーテンみたいだった。建物が空になると、階段が前よりも大きな音できしんだ。僕は、どの段が一番きしむのか、ちゃんとわかっていた。その段の避け方を何年もかけて考えたから。特に夜、最後に僕が点検をして、すべての電気を消すときに。でも今では一歩踏み出すたび、垂木が、壁が、階段が音を響かせる。それは負傷した野獣の死に際のような、痛くて苦しい音。それはまるで、今や抜け殻のブルックス社が、靴作りの終焉を悟っているかのようだった。その時がきた。最後の靴とブーツが完成した。

祖父が、後に父が、僕の手を引いて工場を見せてくれたことを覚えている。父から息子に引き継がれた靴作りに対する誇り、熱意、そして愛は、しっかりと彼らの心に植え付けられていて、次は僕の心に、小さな頃から根づいていた。

子どもの頃は、工場の機械の音が怖かった。当時は機械が巨大に思えて、特に動いているのを見た時には、悪夢の怪物たちみたいに僕の頭上にそびえ立っていた。

でも今では鋳鉄、機械、歯車、すべてが消え去り、がらんとした空虚な空間。残っているのは、オイルの染みと床のへこみだけで、過去を承認する墓標のようだった。その喪失感が胸を締めつけはじめていた。今となっては思い出でしか埋められない、心にぽっかり空いた穴。

かつては、いたるところで革の匂いがしていた。そして、その匂いは何年も僕と共にあった。この仕事から離れて長い時を経ても、革の匂いは僕を人生最高の時に、いとも容易く連れ戻してくれる——工場、人々、歴史、友人、苦しみ、成功、独創的で幸せな時間へと。それは古風で、過去の産業、時が経てば失われ、保存記録、歴史年代記の中で消えゆく。本当の家と同じくらい僕の家だった。寝室と同じくらい心地よくて、玄関と同じくらい歓迎してくれた。目隠しをしていたって、何かにぶつかることなく歩き回れただろう。すべてのものがどこにあるのか、わかっていたから。

でも今では、何もない。動かない。音がしない。まぼろし。

ドアを開け中に入るとき、大きな鍵が鍵穴の中でガシャンと音をたてた。想像で僕は、一番大きなものから一番小さなものまで、あらゆる機械を目に浮かべられた。玄関近くの古いタイムレコーダーがまだ、カチカチ音をたてていた。その音は結構うるさかった。いつも作業をする工場の音や従業員たちのおしゃべりにかき消され、僕は今までその音を聞いたことがなかった。

今でも一人ひとりを思い浮かべられる。何年も知り合いで、この建物を共有した従業員という存在以上の人々を。彼らは建物の血管を循環し永らえさせた血液、不可欠な存在だった。今やすべて外に流れ出た。みんな、いなくなった。

独りでそこに立っていると、空虚な反響音がした。歩き回ると、僕の足音が鳴り響いた。以前よりさらに大きな、見通しのよい広々とした空き地のようだった。ここが、あのすべての作業が行なわれた場所か？　機械はどこ？　なぜ、もう匂わない？　騒音はいずこへ？　耳をつんざくような静寂だった。

僕は階段を上った——きしみ音をたてる段を覚えていたけれど、今回は避けずに、あの音をもう一度聞くために、わざと踏みしめた。

三階建ての広々とした空間には、僕らが見落としていた壁にかけられた奇妙な絵、ドアにピン留めされている茶色に変色した通知、古い圧縮空気管の継ぎ目に巻かれた布きれだけがあった。

最後に辺りを見回した時、僕の目は、かつてバートの古い機械が置かれていた空っぽな場所で止まった。古い梁には僕が見落としていた別の標示が釘で打ち付けられていた。「ようこそ、キンキーコーナーへ」。これは、バートからの受け入れのサインだった。彼のふざけたユーモアは、劇的な変化を最終的に自ら認めるものだった。涙が頬を伝った。彼は変わった。俺様は変わった。僕らはみんな変わって、いよいよこの建物が変わる時がきた。

その時、物音が船を出し、追憶にひたる僕を救い出した。

父だった。「何を考えているんだ？」そう言って彼は、不気味な静寂を破った。

「いろんなこと。ひとつの時代の終わり。バートンの歴史が少し消えた。僕たち家族の生活の大部分が、終わりを迎えたんだ」僕はまた、泣きそうになった。

「わかるぞ、だが、そうならざるをえなかったんだ」父は続けた。「どうして我々がこれだけ長く続いたのか、神のみぞ知るところだ。私たちが何をしなかったのか、私たちに何ができたかもしれなかったのか、私は何時間も考えた」父は、生涯の仕事を生み出した空間の骨組みを眺めながら、しばらく歩き回った。

「眠れない夜が何度もあって、同じことを考えていた」僕は言った。「目が覚めたまま横になって、自分に打ち勝つ別の鞭を探そうとしたんだ。だけど、僕らだけじゃない、業界全体だ。父さんは自分に勝ち目がないとき、どうやって闘える？ W・J・ブルックスを救えるかもしれないなんて――思った僕が、バカだったんだよね、たぶん」

父は僕のところへ来ると、肩をがしっと掴んだ。「スティーヴ、絶対に自分を責めるな。そのためにできることを、おまえはすべてやった」もちろん父は本心で言ってくれた、でも、その時、どんな言葉も僕を慰められなかった――僕は失敗したのだ。

「もっとやれたかな？」僕は安心したかった。

「いや、難しいだろうな。これ以上、何ができた？ 我々は全員、おまえの味方だったぞ。みんな、これで本当に終わりなんだと理解したから」父も泣きそうになっていた。

大切な父さん、僕の新しい考えを受け入れるには時間と勇気が必要だったのに、最後には認めてくれて、こんなに応援してくれて、守ってもくれた。

父は言った「おそらく「ディヴァイン」がなければ、数年前には工場を閉めていただろう。誰にも、わからん」そして何気なく言い添えた。「自慢の息子だ、おまえは予想をはるかに超えることを成し遂げた。経験を考えれば、おまえほど頑張れる奴は誰もいない」

ひとつ安心しているのは――もしそれを安心と言えるなら――靴業界に残ることを希望した全従業員に、地元にある別の靴工場での仕事をなんとか見つけられたことだった。おかげでちょっと気が楽になって苦痛が和らぎ、少なくとも何か前向きなものが、この件から得られた。

「ディヴァイン」は引き続き生産中だったので、それが、大きなドアが閉まった後に開いたドアだったのかもしれない！　結局のところ、たぶん物事はそんなに暗くはなくて、確かに未来はなくもなかった。

それから、ほとんど忘れていたけれど、BBCがさらなる撮影をするため来訪を希望した。僕らはもう一度、またあの体験をしなければならない。これは『トラブル・アット・ザ・トップ』制作チームによる「キンキーブーツ工場――再訪」、現実に起きた終わりを含む、完結編だった。

彼らは、閉鎖の危機に直面しキンキーブーツに救われるという以前の番組以降の補足をしたいと考えていて、何より今回は、エロティックなショーや顧客に関するより多くのことを収録しようとしていた。

ひどく精神的に辛かったのは、彼らが、開発業者に実際に鍵を手渡すところを撮影したがったことだ。じっくり考えたけれど、それは僕にとっても、父にとっても、非常に感傷的なことだったから、撮影に耐えられるとは思えなかった。でも最終的に僕は許可した。だから彼らが撮影隊とやってきた時、僕は父にも参加してもらって、二人でプライベートな時間にしたように、空になった工場の周りを歩いた。だけど今回はカメラに向かって、努めて平静を装った。ある意味、番組の焦点はしばしば僕を離れ、工場での父の人生、築き上げたものや、そのすべてが父にどのような影響を与えていたのか、といったことにあてられた。

引き渡しの場面を撮影する時がきた。しゃれたスーツにネクタイ、つやつやした白い安全ヘルメットをかぶった開発業者の男と、鍵の入った大きな封筒を手にした僕が立っていた。

ただの建物の鍵じゃない、思い出、成功、失敗を解錠する鍵だった。その鍵が、アザラシ革の漁師用ブーツにロシア軍用ブーツ、イギリス軍用ブーツに重工業用安全靴を、解き放った。その鍵が、ウィンクルピッカーにラバーソール、そして、そう、太もも丈で四・五インチヒールの真っ赤なキンキーブーツまでも、世に放った。

これらの鍵は、W・J・ブルックス社を表象するシンボル、歴史の一部だ。四世代にわたる継続の象徴で、僕の曾祖父から祖父へ、父へ、そして僕へと受け継がれてきた。その鍵を息子のダンに、渡せなかった。そう想うと今まで以上に胸が痛んだ。僕はここで、この鍵を見知らぬ人物に渡そうとしている。僕は何をしたんだ？　ダンに当然与えられる権利が、永遠に消えてしまった。

工場は父や僕の人生だけでなく、母マーガレットの人生においても、大きな役割を果たしていた。母は父の現役時代、父と共に靴作りの混迷を乗り越えてきた。工場はまた、サラの人生においても大きな割合を占めていた。彼女は僕を支え、励まし、信じてくれた。工場は、僕ら全員の人生の一部だった。ダンにとって工場は、僕が子どもの頃、父に連れられていった時に感じたものと同じ感覚を、僕と体験した場所だった。

あのヘルメットの男に、この建物の何がわかる？　奴にとってこれは、単なるレンガと漆喰だ。我々にとっては、一一五年前までさかのぼる生き様だった。奴が憎い――嫌悪感しかなかった。奴に家族の伝統を奪い取られ、僕らのことを何も知らない、僕らの工場に居場所なんてない他人に、この工場を乗っ取られたくなかった。

最後の引き継ぎ式、あの瞬間、僕らの心はひどく沈んだ――記憶から消し去りたい瞬間。

僕は一度も戻っていない。改装された工場は、今住んでいる村の反対側だ。何度も招待されたけれど、一度も行っていない。戻れない。絶対に戻れるとは思えない。心が今でも、ひりひりするから。

最後の敬意表明と工場への別れの贈り物として、僕は譲渡証明書に条件を加えた。僕が靴を作るためブルックスの敷居を二度とまたげないのなら、他の誰にも、あの象徴的な出入り口を通ってほしくない。だから、玄関口をレンガで塞ぐよう要求した。

あの出入り口は、ペイトマン一家、ブルックス社、そして生計を立てるための入り口として使用していたすべての人のものだった。玄関口は塞がれた。消えた、永遠に。僕はもう二度と、あの出入り口を通れない、通りたくもない。そこにもはや、僕の居場所はない。

BBC『キンキーブーツ工場――再訪』の最後の場面では、父がものすごく感傷的になっているところを見られる。そして、そんな父を見て、父よりさらに感傷的になっている僕を見ることができる。父の人生、僕の人生、工場、すべてが消え去った。どんな成果を残したんだろう? もう靴を作らない過去産業の遺跡。二度と取り戻すことができない時代への、最後の幕引き。

「WJB 1889」と刻印された石が壁の高い位置にあるレンガ作りの建物、広い開放的な空間、汚れた窓、きしむ階段、墓場みたいに静かだ。それは墓だった。靴とブーツの墓、騒音のない、完全に無音の静けさ。

W・J・ブルックスは永遠の眠りについた。


「さよならやバイバイと言うのは、決して終わりじゃない。思い出の出発点だ」

スティーヴ・ペイトマン

22 ライト、カメラ、アクション！

こうして工場は閉鎖した。BBCによる二作目のドキュメンタリー番組が完成して放送された。そして今、再び映画『キンキーブーツ』に集中する時がきた。自分の話を他人の工場で撮影するというのは、かなり妙だけど。キンキーブーツの実家は、新しい人生を歩みはじめている……そして僕も。

たとえ少しでも映画制作に関われたことは非常に光栄だった。コンサルタントとして、できるだけ見に行った。初日には、母、父、サラを連れてトリッカーズへ向かった。

トリッカーズは、ノーサンプトンの靴ブーツ保全地区の中心、セントマイケルズ・ロードにあるグレードⅡに指定された工場だ。美しい建物で、一九二四年にR・E・バレトロップによってデザインされた葉形装飾のある茶色いセラミックレンガで作られた珍しい外観をもつ。ノーサンプトンのとても格好いい工業用建造物のひとつだ。

R・E・トリッカー氏はロンドンのブーツ製造業者で、一九〇二年にノーサンプトンにやってきた。会社は今でも健在だ。トリッカーズでは現在七〇人の従業員を雇い、週に七〇〇足の靴を製造している。[*1] 英国王室御用達で、ノーサンプトンシャー州で唯一、プリンス・オブ・ウェールズ殿下の紋章を表示することができる靴製造業者である。

初日、「アクション」のため工場に集まったのは、また別の種類の王族だった。その頃には僕はキャストについて少しは調べていて、ほとんどの俳優が羨望を集める経歴の、ベテランだとわかっていた。

間もなく出演者に紹介され、僕らはすぐに仲よくなった。全員このうえなく素敵な人たちで、この映画に携わる誰もが、今までにしてきた仕事の中で、最高で最も幸せな作品のひとつと断言していた。みんな仲がよかった。気難しい人はいなかった。一緒に座って食事をして、家族のようだった。

この近辺にいる間に、彼らはノーサンプトンシャー州の場面を一気に撮影したいと考えていた。だから次のロケ地は、僕の地元、アールズ・バートン。

オープニングのわりとすぐ後、スクリーンに父の葬儀が映し出される場面だ！　クルー全員がやってきて撮影したのは、村にとって素晴らしい出来事だった。これまで一度も、そんなことはなかったから。

地元の村に住む大勢の人たちが、群衆の場面にエキストラとして参加した。それが大いに盛り上がった。撮影班は、村の葬儀屋トビー・ハントと彼の霊柩車およびリムジンまでも、「父」の葬儀に登場させた。

巨大なトレーラー、バス、食堂と技術車両は、教会からほど近いバーカーズ・シューズの駐車場に停められた。ある場面ではバーカーズの倉庫が使われるなど、地元の他の会社も参加したのはよかった。

ピーターバラ教区から、教会の中庭での撮影と「僕の父」のために「墓穴」を掘る許可が下りた！　撮影班はその穴を、主要な墓地から離れた神に捧げられていない場所に、掘らなければならなかった。

このプロジェクトが始まった時から、僕は家族のカメオ出演を希望していた。プロデューサーたちに父がスクリーン上の「父」の葬儀の弔問客のひとりになれないか頼んだら了承してくれて、彼らは結構、乗り気だった。これはマスコミのスクープになるかも！

でも、この考えに父は完全に反対だった。これは僕の最大の後悔のひとつ。「それは忘れろ」父はきっぱりと「おまえが何と言おうと、神意に逆らうことはしない」と言った。だから、それでおしまい！　これは父が後悔している決断だったと僕は思う。どんな話になったか——父はそのおかげでいろいろなところで食事に呼ばれて、何年も人々を楽しませたかもしれないから！

ひとつ葬儀で起きて愉快だったことは、脚本家で監督のジュリアン・ジャロルドが、ノーサンプトンシャー州のブーツと靴職人の間で長く続く架空の伝統を「発明」したら面白いんじゃないか、と考えたことだ。父も息子も靴職人なので、息子が墓穴の棺桶の上に、土と一緒に靴を落とし入れたらいいんじゃないか？

もちろん、そんな伝統はない、存在したこともない。ノーサンプトンシャー州の誰かがこの場面を映画で観れば「ありえない！」って叫ぶに違いない。でも、ハムレットの言葉を借りれば、僕が「騒々しいこの世を去る」時に埋葬されることになったら、ダンにキンキーブーツを一足、放りこませるかもしれない！

映画ファンのだまされやすさには、驚くばかりだ。大口顧客のひとりマーティンは、ロンドンにある有名店の専務取締役だった。彼と父はとても仲がよく、かつては定期的にやってきて、いつも長いビジネスランチに出かけ、楽しいおしゃべりに興じていた。

マーティンが映画を観た。彼は、チャーリー・プライスの父の死を非常に悲しみ、馴染みのあるアールズ・バートンの教会で行なわれた葬儀のシーンに心動かされた。

彼は混乱していたに違いない。その映画がＢＢＣによるまた別のドキュメンタリーで、父が本当に他界してしまったと、おそらく思ったんだろう。なぜならある日、母が電話してきた。「スティーヴ、この辺に来たら、五分でいいから立ち寄って。見せたい物があるの」

だから近くに行った時に顔を出した。驚くことに、母が見せてくれたのは、「ご家族」宛に送られたお悔やみ状。マーティンと彼の奥さんからで「あなたの素晴らしい夫、私たちの親愛なる友、リチャード」の逝去に接し、深い悲しみにくれていると綴られていた。

そう、マーティンは父が死んだと本当に信じていた！　父は、あの場面がスクリーンに映し出されるのを見ていたというのに。この一件で母は、マーティンと父が次に話す前に、誤りを正すためマーティンに厄介な電話をかけるはめになった。

母と父は、よく僕らのところにテイクアウトした料理を食べにやってきた。僕らはいつも料理を地元の中華料理店に注文すると、向かいのパブに行って待っていた。母とサラは世間話をして、父と僕はビールを一、二杯飲んでいた。

そこは、高い背もたれのベンチシートやつり棒にかかったカーテンがあって、イギリス人が「snug（居心地がよい）」

と呼ぶような雰囲気の、とても古いスタイルのパブだった！　ビール片手に座り、持ち帰り用の料理ができるのを待っていると、年金生活者で「老年バートニアン」の集団が、数杯ビールを飲みながら地元の出来事を話しているのが聞こえてきた。

突然、ビールで酔っ払ったその中のひとりが、バートン訛りで大声で言った。「先週のデカい葬式はどうだ？　まるでどこかの気取った有名人といわんばかりに、たいそうなカメラで撮影していたぞ」

「何を得意げに話してんだよ、フランク」もうひとりが口をはさんだ。「あれは、ペイトマンのおっさんの葬式だ」最初の声が返した。これに僕らは耳をそばだてた。パブにいた他の人たちと共に、この老人が語りはじめるのを聞いた。

「普通の人みたいに墓でゴロゴロできない。あぁ、あいつは墓でゴロゴロしないと」大声で不平不満をぶちまけつづけた。「あいつは年老いたろくでなし、そうだった。働けば、わかるさ」

「彼を連れてこよう」父が少しイライラしながら言った。

「あいつのところで働いたことあるぞ」他の年配者が声を上げた。「あいつは、そんなに悪い奴じゃなかった。おまえは愚痴ばかりで口論していたから、仲よくなれなかったんだろ」

父が加える「しかも、怠け者」この時点で、冗談好きな父は言った。「これでおしまい、思い知らせてくるぞ」父は飛び上がりベンチにひざまずくと、身を乗り出してカーテンを引き、彼らの間に頭を突っ込んで「こんばんは。哀れな老人です、死んだ男からのビールでも飲みます？」と言った。

僕は笑うしかなかった。父はやがてまた座って、大きく口を開けて笑った！「自業自得」と言うと「バートンの老人が心臓発作を起こすかと思ったよ、やつらの顔を見たら、死人が取り付こうと蘇ったと思っているみたいだったぞ」

喜ばしいことに、これを書いている今、*2父はまだ元気だ。

アールズ・バートン教会の裏で撮影していた時、とびきり素敵な瞬間があった。チャーリー・プライスと、彼の父、そしてヤングチャーリーを演じる男の子の三人が、カメラに写らない場所にいた。そのすぐそばには、もうひとつの「三世代」の靴職人一家が立っていた――そう僕の！　父がいて、僕と息子のダンがいた。これは、すごくいい光景だった。

教会を背景に塀に座るヤングチャーリーと彼の父は、やがて丘を下って「湖」の方へ歩いてゆく。完成した映画を地元の人が観ると、頻繁に「湖はどこ?」って聞いてくる。というのも、アールズ・バートン教会の裏に湖はないからだ。まぁ、またしても、映画の中なら何でもできる。不思議なことに父と息子は、アールズ・バートンにある教会の裏から、ロンドン中心部にある湖まで歩く！　七三マイル離れたハイドパークにあるサーペンタイン・レイクが使われていた！ノーサンプトン中心部で撮った良い写真があった。父と母、サラとダン、工場のスタンと僕が、町の中心にあるオールセインツ教会の横の群衆シーンで一緒に話している。これは僕ら唯一の、カメオ出演の機会だった。「ローラ」と「ローレン」（サラ＝ジェーン・ポッツ）がコーヒーを飲みに出かけ、僕らの前を通る場面！　地元の人にこのカフェのある場所を聞かれるけれど、残念ながら何マイルも離れたコベント・ガーデンだ！

さらに遠く、映画はミラノでの一連のシーンで終わる。僕は撮影を見にタダでイタリアに行けるのかと思っていた。悲しいことに、この場面の撮影はロンドン東部のカナリー・ワーフで行なわれ、キウェテル、ジョエル、サラ＝ジェーンだけが、ピサのドゥオモ広場での短い場面のため撮影隊とミラノへ行った。

だけど僕らにとって最もワクワクした撮影場所は、ローラがショーをするナイトクラブだった。その場面はソーホーにあるクラブＴｏｏ２Ｍｕｃｈで撮影され、映画が完成するとそこで、二〇〇五年一月二日に「打ち上げ」が開かれた。『キンキーブーツ』の試写会は、キャスト、関係者、招待客を対象に、二〇〇五年八月三日、ケンジントンのハイストリートにあるオデオンで行なわれた。僕が映画をどう思ったかって?　その仕上がりに、このうえない幸せを感じた。

ただ、心に引っかかる場面もあった。たとえば、チャーリー・プライスが従業員の一部を解雇しなければならない場面を観た時には、あれほど動揺するとは思いもよらなかった。自分がまったく同じことをしなければならなかった時の辛い記憶が呼び戻された――僕の仕事人生における最悪の瞬間。今でさえ思い出すと、涙が溢れてくる。

ローラとチャーリーが父親との関係について、それぞれの気持ちを語る場面も感動的だった。ローラはボクサーだった父の影に常にいたけれど、ローラが望んだのは、異性装者であり後ろめたさのない自分の人生を歩む一流ドラァグ・アーティストという彼女自身になることだった。僕は父との関係に何も問題はなかったけれど、あの場面には本当に心を動かされた。あの場面を感動せずに観られる人なんて、いないと思う。

あらゆる父親と息子に難しい瞬間はあるけれど、ジェフとティムのあの場面の扱い方、脚本に仕上げた手法は本当に素晴らしかった。世代間ギャップ、経験豊富な父と「未熟な」息子の対立、忍耐強い「父」と衝動的で向こう見ずな「小息子」の激しい衝突は、見事だった。

キウェテルとジョエルのパフォーマンスも加わり、脚本と演技の傑作が完成。正直にいうと、ミュージカルの同じ場面にも同様の効果があって、僕は上演を観るたび、泣く。本当に泣いてしまう。

映画の試写は観客に好評だったけれど、クレジットが流れはじめるとすぐに、ほとんどの人たちはパーティーへ行きたくて仕方がない様子だった！　でも僕らには無理、突然、ハッと気づいた。映画が完成したんだ。これで終わりなんだ！

「しばらく座って、最後のクレジットを見ましょ」サラが言った。明らかに、僕の気持ちを分かち合ってくれていた。僕らは見ていた、そして「ありがとう」という文字が流れてきた時、再び、類いまれな現実感が込み上げてきた。

「スティーヴとリチャード・ペイトマン、W・J・ブルックスの皆様に感謝いたします」それは僕らの心に深く刻み込まれた。僕らの話が今、映画になった。我が社が、キウェテル・イジョフォー、ジョエル・エドガートン、ニック・フロスト、リンダ・バセット、サラ＝ジェーン・ポッツ、ジェミマ・ルーパー、すべてのキャストと共演した。かなりクレイジーな理由で、僕は緊張した。体が震えていた。

その後のパーティーでは、すべての人と顔を合わせなければならなかった。「気分はどうですか？」

「自分の話がスクリーンに映し出されるのは、どんな感じですか？」

「本当にあんなふうだったんですか？」どの質問も想定内だったけど、実際にマシンガンの弾丸みたいに、そうした質問が飛んでくると、僕はまったく答えたくなかった。まるで侵入だ。心の奥深くで、僕はまだ、自分の個人的な思いと折り合いをつけている最中だったから。

ワールドプレミアの日程は、二〇〇五年一〇月五日に決まった。映画だけでなく、チャリティーオークションも実施されることになった。テレンス・ヒギンズ・トラスト[*3]を代表してエルトン・ジョンが参加。有名人たちが招かれ、オークションにかけられるキンキーブーツのデザインを手がけた。そのきらめく夜には、いろいろなことが起こることになっていた。

プロデューサーたちは、このイベントへの僕の積極的な参加を熱望した。プレミアの二日前には電車でロンドンへ行かなければならず、セント・パンクラス駅で専属ドライバーに迎えられると、パークレーンのドーチェスターホテルに連れていかれ、そこで主な出演者たちと昼食をとった。

その後、記者団と会見をした。その中には四〇人の地方記者との放送用オンラインインタビューも含まれていた！　驚くことに質問はスターのみならず、僕にも飛んできた。

記者団がジョエルに聞きたがったお気に入りの質問は「本物の「チャーリー・プライス」がそばにいるとき、チャーリー・プライスを演じるのは、どんな気分ですか？」そしてその後、僕の方を向いて尋ねる「スティーヴ、ジョエルがあなたを演じているのを、どう思いましたか？」と。

ジョエルは必ず、実在する人をもとにした登場人物を演じるのはかなり難しかった、本人が立って僕の演技を見ているので、と言っていた！　僕は、ジョエルは素晴らしい仕事をしたと思う！

ドーチェスターから全員で、ソーホーのＴｏｏ２Ｍｕｃｈクラブに移動して、実際に撮影が行なわれた場所で、スカイ・ニュースのインタビューを受けた。

そこからコベント・ガーデンのオデオンへ向かい、脚本家のひとりティム・ファースと映画監督ジュリアン・ジャロルドを含めて、英国映画テレビ芸術アカデミーのための質疑応答が行なわれた。この時ありがたいことに僕は、観客席にいた。

これらすべてのプレッシャーのかかる記者会見の後、必要だったのは静かにビールを飲むことだった。だから、キウェテルとジョエルと僕は呑みに行った。しばしの貴重な時間、僕らは匿名で、誰も気づかなかった。僕はスターじゃないけど、その時の僕らは、単なるビールを飲む三人の「一般男性」。最高だった！

そして解散して、僕はサウスケンジントンのホテルに向かった。翌日はプレミア上映の日、同じように疲れた。頭の中は忙しくて、心配で、興奮して、緊張して、とても不安で眠れない夜を過ごした後、ついに大事な日の朝を迎えた。映画『キンキーブーツ』のワールドプレミア、世界初公開だ。会場は、レスター・スクエアのウエストエンド・ヴューシネマ。イベント全体が軍隊のように正確に、秒単位で組まれていた。僕らは六時三〇分きっかりに、レッドカーペットにいなければならなかった。今までに見たこともない巨大なレッドカーペットだった。

辺りは交通規制がひかれ、出演者を乗せた車列があった。レッドカーペットの状況は監視され、最大限のメディア露出を得るため厳密に調整された。僕の序列は言うまでもなく下の方だったけれど、報道陣は著名なスター同様に、僕に興味があった。

映画館に入る直前、最後に受けたインタビューは、ジェニー・ファルコナーの生放送、大人気番組『オープニング・ナイト・レッド・カーペット・ショー』だった。彼女はテレビで観るのと変わらない、いつもの陽気な人で、僕を和ませてくれた。実際に会うと、彼女はさらにゴージャスだった。

全員が到着した後に、席に着いた。舞台上でスピーチが行なわれ、午後七時三〇分に映画が始まった。

父は一度も映画を観ていなかったので、最初の五分、つまり彼の「葬儀」をどう受け止めるのか知りたかった！チャーリーが靴を墓穴に投げ落とし棺桶に当たると、ちょっと面白い父らしく、「いたっ、痛いぞ！」と大声を上げた。それは周り二、三列の人に聞かれたと思うけど、僕は座席に沈んだ！

その後、パーティー会場へ移動した。むしろ似つかわしくないタイタニック・ナイトクラブで開かれた！　エルトン・ジョン・エイズ基金援助のため、有名人がデザインしたブーツや映画に登場するローラのブーツのオークションも行なわれた。

ナイトクラブに入ると、僕担当の広報係が腕を掴み、パーティー会場での著名人写真撮影会、あいさつ、報道陣向け撮影に僕を連れ出した。サラが個人的なカメラマンとしてついてきてくれて、一緒に撮影している有名人の名前を逐一教えてくれた。僕がまったくわからなかったので！

誰もがそこにいるみたいだった。『イーストエンダーズ』『コロネーション・ストリート』『ホルビー・シティ』のようなイギリスメロドラマのスターたちがいた。映画の出演者と後援者は、写真撮影が映画の宣伝に役立つかもしれないと思える人とならば誰でも、撮影に応じた。求められる写真を撮るため、僕は引っ張られたり押されたり手荒な扱いを受けた。著名人はみな素晴らしく、僕のことをもっと知りたがった。何か目新しい存在。この映画の主人公は、僕だった。皮肉なことに、映画のすべてを真実だと思っている人がかなりいて、多くが脚色であることに驚いていた。「ミラノはどうでしたか?」「今でもローラとは会っているの?」「本当に太もも丈のブーツでランウェイに現れて、うつぶせに倒れたんですか?」といったことを聞かれた。

約一時間、こうした報道陣の騒ぎに付き合わされた後、僕は本当に暑くて、汗だくで、しんどくて、休憩が必要だった。すると突然、驚くほど美しい女性セレブの腕の中に押し込まれた。それだけでなく、なんと僕は、この人が世界的に著名なスーパーモデル、ソフィー・アンダートンだとわかった。

前の年に僕は彼女を、ジャングルでのリアリティー番組『アイム・ア・セレブリティ、ゲット・ミー・アウト・オブ・ヒア』で観ていた。で、正直にいうと、ちょっとファンになった。彼女は目を奪われるほどゴージャスで、それだけでなく、かわいらしかった。恐ろしいことに写真は、この夜で最悪の写り。僕らはまるで『美女と野獣』みたいだった!美しい彼女、汗びっしょりで体に張り付いた青いシャツ姿の僕、彼女は相変わらず素敵でセクシーでグラマラスに写っているのに、僕はへとへとで今にも崩れそうなほど疲れ果てていた。

午前五時までには、すべての祝賀会が終了、サラと僕をホテルに送る車に乗った。翌朝、僕らを電車に乗せるため、迎えの車が戻ってきた。

またもや僕は、セント・パンクラス駅にいた。ここは過ぎ去りし日、BBCがマイクを付けるため僕をほぼ裸にした場所だ。そこに再び戻ってきた。僕の物語の公開初日レッドカーペットの後に。「なんて面白いんだろう」僕は思った。「ここですべてが始まった。BBC『トラブル・アット・ザ・トップ』の初日の撮影が行なわれて、ここで第二章、映画『キンキーブーツ』が終わる」

翌日、映画は、その舞台になっている場所、ノーサンプトンで公開された。僕らはすべての地方のインタビューと記者会見が行なわれる町の中心にあるモート・ハウス・ホテルに集められた。キウェテル、ジョエル、ニック、リンダ、サラ＝ジェーン、ジェミマも揃い、地元のテレビとラジオ局は彼らの貴重な五分間を熱望した！

ロンドンでの初上演チケットは一〇枚しかもらえなかったので、ノーサンプトンでの地元封切りは、我が社の従業員や友人、家族が映画を観られる機会となった。配給会社はホテルに近い複合施設内の二つの映画館を貸し切り、テレビ番組や映画の制作に関わった二〇〇名の招待客が集まった。映画監督のジュリアン・ジャロルドと僕は両方の映画館を訪れて歓迎のスピーチを行ない、すべてのサポートに感謝した。

全員にとって感動的な夜だった。それがどれほどの興奮だったか――今でも何年も前にそこにいた人たちは話す。

僕にとってそれは、大冒険のグランドフィナーレだった。今では、以前のような生活に戻った。仲のいい家族との暮らし、工場での日課とプライバシー。

僕らはそう、思っていた⁉

「星に手を伸ばせば、ハイヒールがもっと近づけてくれる」

スティーヴ・ペイトマン

23

お客さまは、いつも正しい!

お客さまの声を聞くのが大好きだった。お客さま第一主義。お客さまがいなかったら、僕らは何もできなかった。『トラブル・アット・ザ・トップ』から数年、多くの展示会や靴見本市に参加して顧客数は夢にも思わなかったほど増え、その中には実に多様な人たちがいた。

たくさんの顧客が、まるで「医者と患者」の関係みたいにアドバイスを求めてきた。自分の人生、経験、願望の極めて私的な詳細を、包み隠さず打ち明ける人たち。途方もないファンタジーを叶えるため、助けを求める人たち。他にも、妄想を話すだけで、充分にファンタジーという人たち!

いつも求められるのは「ファッション・アドバイザー」としての役割だった。どの服にどのアクセサリーが一番よく合うのか、特定のスタイルのブーツや靴にはどの色や素材がおすすめなのかを聞かれた。

かなり多くの人が、やっぱり直接会いたいとやってきた。ブーツを見て手に取って触れて、質感を体験する場を求めていた。ほとんどの人にとって、ブーツの購入は単に靴を手に入れる以上のこと。それは官能的な経験だった。

この時点で僕らの製品には、広く知られたブーツだけでなく衣類やアクセサリーも加わっていたので、お客さまはカタログの写真を見るだけでなく、実際に試着してみたいと思うようになっていた。

工場がフル稼働している時に約束なしで突然、一般の方が現れると都合が悪かった。そこで役員室を受付とショールームと試着室がいっしょになった空間に改造して、お客さまを丁寧にもてなし、心地よく過ごしてもらえるようにした。

ほとんどの人は事前に電話をかけてきて、僕の手が空いているかを確認していた。もし僕が忙しければ、展示会で多くの顧客と面識のあるナンバー2のスタンが対応していた。

ロージーとクラリスも進んで手伝ってくれた。二人は注文を受け「お客さまアドバイザー」として振る舞うことにすっかり慣れた。顧客と話すことが大好きで、二人と話すことがお客さまも大好きだった。販売業の女性的な側面を共有していたのだ。時々、二人はちょっと驚いていた！「彼女が私に何を聞いたか、絶対に当てられないと思う！」というのが、二人の決まり文句だった。

ここで実際に起きた出来事をいくつかお伝えすることで、僕がお客さまを軽視しているわけではないことを明確にしておきたい。僕らは顧客に恥ずかしい思いをさせたことは一度もなかった。実際、こうしたすべてのおかしな「ハプニング」でお客さまは僕らと共に笑い、例外なく、状況のこっけいな側面に最初に気づくのは、お客さまだった。もし恥ずかしがる人がいるとすれば、それはいつも我々だった！

バイク乗りグループの男性が電話してきた日のことを僕はよく覚えている。「俺たちはツーリングに頻繁に出かけて、あらゆる革製品に目がない。あなたのことはテレビで見た。おたくの製品を試着しに行きたいんだが。もし、可能なら」

「もちろん」と僕。「まったく問題ありません。ただ正直に申し上げて、工場が閉まっていて静かな土曜日の午前中にいらっしゃると、さらによいのではないかと」

彼は同意し、日程を決め、予定どおりにやってきた――六台のハーレーダビッドソンが到着。ひとりで来ている人も女性連れの人もいたけれど、全員が全身レザーで、ヘルメットに濃いサングラス、典型的なバイカーのように見えた！

僕に電話をくれた男性が訪問を仕切っていた。大柄で勇ましく、がっしりしていて顎髭を生やし女性と一緒だった。彼女は肌に張り付くタイトなレザーを着ていて、とても素敵だった！

役員室に案内し、コーヒーを出した。カタログをすべて渡し、選んでもらうため部屋を出た。僕が戻ると、集団のリーダーが即座にこう言った。「決めた、他はわからないが、俺はサイズ七の黒いパテントPVCの太もも丈ブーツ」ガールフレンドと目を合わせ、二人とも微笑んだ。

急いで倉庫へ取りに行ってくることを伝え、ぴったり合うものを選べるよう、サイズ六、七、八を持ってきた。僕は大きな箱を三つ、床に置いた。

「サイズ七、でしたよね?」僕はただ確認していた。

「ああ、そうだ」彼が返事した。

「よかった」僕は素敵な若い女性の方を向いて、ブーツを差し出した。

「ジーンズを脱ぎますか、それとも履いたままでいいですか?」大間違い。肩を叩かれた。

「おい、彼女にちょっかいを出すな。ブーツは俺用だ、彼女じゃない」男は、サイズ七の、黒いパテントPVCの、太もも丈で四・五インチハイヒールのブーツを僕から掴み取りながら言った。

「あっ、本当に、すみません。ただの思い込みで……」とても恥ずかしかった。あらゆる展示会や見本市を経て、先入観をもっちゃダメだと学んできていると、あなたは思うかもしれないけれど。

「心配無用」彼はニヤッと笑った。「俺は、このブーツを履くタイプには見えない、よな?」

再び謝る以外、何も言えなかった。

「本当に申し訳ございません。もう少しプライバシーが保たれる場所に移動して試着されますか?」

「いや、俺たちはみんな仲間だ」彼は大きな革のジャケットを、次にスチールカップの入ったバイクブーツを脱いだ。

失言をしてしまい、僕は依然として、ばつが悪かった。彼がレザーパンツを脱ぎ捨てた時、予想もしていなかった光景が広がった。彼が履いていたのは黒いシルクのパンティーと黒いストッキングで、ガーターベルトを付けていた。

男が僕を真っ直ぐに見た。「これも、想定外だっただろ?」またしても顔が真っ赤になり、それを見て全員が楽しそうに笑った。

何も彼らを動揺させなかった。偏見をもたない、正直で偽りのない人々だった。一方で僕は、驚くほど素晴らしい僕らのお客さまとの向き合い方について、新たな教訓を得た。

教訓は明らかだった。この男性は誰かを傷つけたか？　誰か気にしたか？　僕に批判する権利はあったか？　僕はショックを受けるべきか？　彼は大切なお客さまではなかったのか？　これらすべての問いに対する答えは、断固として**「いいえ！」**だった。

幸いなことに、この出来事は僕らの関係に影響を与えなかった。彼らは我々の製品、裁量、そして僕らを信頼してくれた。その日、グループはたくさんのブーツ、靴、アクセサリーを買った。彼らは、ただ電話で「俺のサイズわかるよね、これとあれをお願いできる？」と言う、本当に素晴らしいお得意さまになった。

さまざまな体型やサイズの新しいお客さまが多かったので、誰もが本当に欲しいものを身に付けられるよう、僕らは「オーダーメイド」サービスを提供することにした。

各個人に合わせた型紙を作るためには、正確に採寸しなければならないことがわかった。顧客の脚の重要なポイントにフェルトペンで印をつけ、周囲長を測る。各ポイント間の距離も測った。

こうして顧客ごとの型紙が作られる。型紙制作の料金がかかるのは一回だけで、その後は顧客の詳細がファイルにあるので、どんなものでも作ることができた。

『トラブル・アット・ザ・トップ』放送直後、女性が電話をかけてきて「お会いしに伺いたいのですが。通常のサイズではないので、私用にブーツを作ってほしいんです」と言った。

「いいですよ」と僕。問題なかったので、予定を組んだ。

「他の人がいるときには行きたくないんです。それは大丈夫ですか？」彼女は、はっきり言った。同意して、土曜日の午前中に来ることをすすめた。

「親切にしてくださり、ありがとうございます」役員室に案内した。彼女は、かわいらしくて陽気でワクワクしていた！

「私には本当に難しいんです、もうサイズが大きくて。セクシーに見せたいのは痩せ細った人だけじゃないのに！」クスクス笑い「素敵な太もも丈のブーツを手に入れたいって、ずっと夢見ていました」

「そうですか、最適な場所に来ましたね！」と僕。

「あの、私のサイズになると、作ってくれるところがなくて。そうしたら、あなたをテレビで見たんです、もうねぇ天からの贈り物みたいで！　自分がここにいるなんて、信じられないです！」夢が叶うことに、とても興奮していた。

彼女に紅茶を入れて、僕らは座った。それから見てもらうブーツを何足か取りに行った。この段階で僕は、足の部分が快適であることを確認してから、脚の採寸をしようと思っていた。彼女の足にぴったり合うものは見つかった、次は繊細な部分だ。

「ジーンズの上からではなく、「素足」での採寸が必要です。そうでないと本当にぴったり合ったものにならない可能性があるので。でももし履いたままがよい、ということであれば、最善を尽くします……」

「あぁ、大丈夫ですよ。脱ぎます、誰も周りにいないので」彼女は、きっぱりと言った。

だから彼女は下着姿で、僕は片手にフェルトペン、別の手に頼りになる靴職人の巻き尺を持って、映画の中でチャーリーがローラを初めて採寸するみたいに、床にひざまずいた。

「ブーツは、どのくらいの高さまで来てほしいですか？」

「ここまで……かな」太ももの一番上に指を置きながら彼女が言った。

「了解」その場所にフェルトペンで印をつけた。そして足首周りからふくらはぎ周りまでの採寸を始めた。膝を過ぎると、彼女が笑い出した。「もう、自分の脚が大嫌い、すごく太くて、ごめんなさい」

「そんなこと言わないで」と僕。「想像してみて、このブーツを履いたら、とってもグラマラスに見えるし、魅力的に感じられますよ」

太ももに達するまでの、すべてのパーツを採寸した。ただ、まだお伝えしていなかったけれど、僕が使っていた巻き尺は洋裁用のものではなく、膝丈のブーツを測るために作られた型紙用の巻き尺だった！

だから太ももまできた時、僕の短い巻き尺では太ももを一周するには長さが足りなかった。僕は、ちゃんとした洋裁用の巻き尺を持っていなかった。パニックになりはじめた。何が起きているのか気づいた彼女は、大爆笑だった。

「気にしないでぇ～、お兄さん」生意気そうにキャッキャッと笑い「私の脚、私が悪いの。こんなこと初めてでしょ！」

彼女がおどけてくれてよかった。巻き尺探しを建物内で始められなかったし、唯一、他にあったのは、凍るように冷たい鋼で縁が鋭い、圧縮バネで伸び縮みする金属製のものだった。こんな大切なお客さまに、傷を負わせるわけにはいかない！

ひらめき！　即席！　靴紐の束が目に入った、まとめている筒状の紙を破り、靴紐を広げた。完璧だ。太ももの周りを一周させ、フェルトペンで印をつけて、靴紐を自分の靴職人用巻き尺で測った。問題は解決した！

「よくできました、スティーヴ」彼女は興奮した女子生徒みたいに、手を叩いた！

「あなたがどんな事にも使える道具を持っていて、よかった」

数週間後、彼女がオーダーメイドのブーツを取りにきた。大喜びだった。とても気に入って、すごく似合っていると実感していた。あらゆる角度から自分の脚を背の高い鏡で見ながら役員室を歩き回る彼女は、涙を浮かべていた。

こんなに幸せそうな人を見たことがなかった。彼女は自分のサイズのせいで、こうしたブーツを所有できるなんて今まで思ってもいなかった。でも一緒に、あらゆる障害を乗り越え、彼女の望み、ファンタジー、夢を叶えた。感激している彼女を見て、僕も感動した。

またしても、ブーツが魔法をかけた。

しかしながら、すべてのお客さまが、事前に訪問を知らせてくれたわけではなかった！　若い男性がひとり、突然やってきたのを覚えている。前もって電話しなかったことを詫びていたけれど、ここにいる以上、追い返すわけにはいかない。如才ないビジネスマンで、きれいに身なりを整え、大きな旅行用鞄を持っていた。

「ちょうど通りかかりまして、何足かブーツを見せていただけたらありがたいのですが」電話していなかったことで、気まずい思いをしているのは明らかだった。「大丈夫でしょうか？」

僕は何て言えばいい？「はい、もちろん。どうぞ」役員室に通した。「すみません、今朝はちょっと忙しくて。それでもよろしければ、他の者を呼んで、お手伝いさせていただきます」

何冊かカタログを渡し、見ていてもらうことにした。本当に忙しい朝で、ロージーからは、いくつかの業者が電話してきていて、緊急に折り返すよう言われた。電話を一本かけた後、僕はひとりにしてしまった可哀想な男性のことを思い出して、スタンに電話をかけた。

「役員室にカタログを見ている男性がいるので、大丈夫か見てきてもらっていいかな？　すっかり忘れていた。対応してもらえるとありがたいんだけど。必要であればロージーかクラリスに手伝ってもらって」

「予約客ですか？」間違いなくスタンも、邪魔されたくなかったようだ。

「違う、でも受け入れないわけにはいかなかったんだ」と僕。「良さそうな人だよ。彼のサイズを調べて、サンプルを何足か持っていってもらえない？」

スタンは承諾してくれて、僕は別の電話をかけた。一〇分くらい経った頃、スタンがやってきて、ドアの向こうから顔を出した。

「スティーヴ」スタンは不思議そうに言った。「その男性、どこに案内した？」

「役員室、いつもと同じ」受話器を手で覆いながら僕はささやいた。「なぜ？」

「消えた」

「消えたって、どういう意味？」彼は絶対にそこにいるとわかっていた。

「いない！」スタンがきっぱりと言った。

「でも、そこに残してきたんだけど」僕は手を上げ「ちょっと待って、スタン」と言うと、電話に戻り、五分後にかけ直してもいいか尋ね、受話器を置いた。

「スタン、冗談でしょ」僕は立ち上がると、ドアの方へ向かった。「見に行ってみよう」

階段を上りながらスタンが言った「部屋には、女の人がいるんだ。その人、男性と一緒にきた？」

「女の人？　来てないよ、彼はひとりで来た」混乱した。

僕らは役員室に忍び寄ると、軽くドアをノックした。ギーッと音をたててドアが開くと、鏡の前に立っている美しい若い女性が見えた。

彼女は素早く振り向いた。「スティーヴ、気にしないで頂きたいんですが、すべて自分で持ってきたもので、スカートを履いたら、カツラと他のものも全部、身につけるのを我慢できなくなってしまって。驚かせていなければいいんですが」

「問題ないですよ」僕は言った。「大丈夫です。コーディネートを完成させるブーツを履いてみましょう」スタンをジロッと見て首を左右に振り、困惑するスタンに対応を一任した。

驚異的な変身で、彼女はとても素敵に見えた。ブーツに大興奮して、役員室を行ったり来たり、歩き回るのをやめられなかった。スタンはお会計など対応を済ませ、彼女は鏡の中の自分にまだほれぼれしながら、仕方なくもとの姿に戻っていった。

スタンと再び若いビジネスマンの姿になったお客さまが別れを告げているとき、ちょうど近くを通り過ぎた。スタンはまだ、やたらと先ほどの困惑を謝っていたけれど、若い男性はすべて笑い飛ばしていた。どのみち彼は大満足だった。新しく手に入れたブーツを、しっかりと抱えていた。

僕らは常に「目的に合った」ブーツを作ろうとしていたけれど、時には「その目的」が何なのか、よくわからないこともあった！　ある女性が内側につけたチャックで一番上まで締める太もも丈ブーツを注文して、とても気に入った様子だった。それから数週間後、彼女がちょっとした不満があるという電話をしてきた。

「どうしましたか？」僕は尋ねた。お客さまには、いつだって満足していただけるようにしたい。「あのぉ、覚えていらっしゃるかもしれませんが、夫とベッドにいるときに履けるブーツが欲しかったんです、それで、私たちが、あのぉ、している最中に、ですね……」

「はぁ、はい」細かいことは、まぁいいか、と思った。「で、どのような問題が？」

「えぇっと、ブーツは私たちの希望どおりの素晴らしいものなんです。でも、私たちがしていると、お気に入りの体勢とでも言いましょうか、チャックが胸の両側に引っかかって、夫はとても痛がって、ひどい水ぶくれと引っ掻き傷になってしまったんです」

この「お気に入りの体勢」は何だろうかと思いを巡らせた。実際、何が起こったんだろう？　永遠にわからないだろうけど！

「そうですか」と僕。「しかしながら、それは製造上の問題ではありません」他に何を言えばいいか、わからなかった。

「あぁ」彼女は動揺して言った。「ブーツに問題はないんです、ただ、もしチャックが膝までしかこないブーツを作っていただけたら、夫の痛いところを避けられるだろうし、いいなと思ったんです」

常に願いを叶えたいので、僕らは彼女の望みどおりに、チャックが膝までで、上部をさらにクッション性のある柔らかい裏地にしたブーツを作った。これでより「夫に安全」なブーツになっただろう。

多くの常連客とはよくあることだが、後にある展示会で、このご夫婦と会った。スタンが奥さんに別のブーツを見せている間、旦那さんが僕のところにやってきて、奥さんの不満を謝った。でもそのおかげで、それ以上の怪我を避けられたので、とても助かったらしい！

我ら「ディヴァイン」のお客さまには、何も問題はなかった！

全国各地の展示会を訪れる時はいつでも、僕は常にカタログに追加する新しい商品を探していた。「エロティカ」ショーにはいつでも「斬新」な物があったけれど、タトゥーの集会や展示会も、行く価値があると気づいた。そういった場に行った人々は、僕らが販売する製品も気に入ってくれるからだ。

展示会には出展者として参加していたけれど、バイヤーでもあった。新しい技術や新製品を把握しておくことが、とても大事だったから。新たに得た名声のため、「エロティック・ファッション」の最先端にいることは極めて重要だった。だから、僕らの製品に合いそうなものを見かけると、我々のカタログに載せられるかどうか、業者に聞いた。

そうした展示会で見つけた商品のひとつが、「ファン・スウィング™」と呼ばれるものだった。説明するのが難しいけれど、基本的には箱に書いてあるとおり！　バネと装帯がついていて、上下に跳ね、左右に動き、使用中はほぼ三六〇度回転しうる。

屋根の骨組みに取り付けられた、大きな吊りボルトで天井に固定されるので、当然、高さ制限はある。平均的な天井高の部屋ならば問題ないだろう。ある男性が我々の通信販売で「ファン・スイング™」を購入した。その後しばらくして、この男性が苦情の電話をかけてきた。クラリスが電話に出た。彼女は「ファン・スイング™」がどのように組み立てられているのか見たことがなかったので、顧客の説明しようとしていることがよくわからず、電話を僕に繋いだ。

「お困りごとがあるとのこと、申し訳ございません。お力になれるか確認させてください。何が問題だと思われますか?」いつもならどんなことにも対応できるけれど、この時ばかりは僕でも驚いた。

「そちらから「ファン・スイング™」を買って、説明書もすべて読みましたが、ちゃんと作動できないんです。なんというか、まぁ、動かないんですよね」彼は説明しようとしていたけれど、僕には彼の言っている意味がわからなかった。

「どういう意味ですか? 動かない?」もしや、結合部の故障か、バネが壊れたか、伸びたか、と僕は不思議に思っていた。

「跳ねないんです」と彼。

「空間はありますか? 床から離れていますか?」興味をそそられた。「あなたの家の天井高は、どれくらいですか?」

「あの、実は家の中ではないんです」

「あぁ、そうですか。では、どこにお住まいで?」願わくは、核心に迫ってきていますように!

「運河船、はしけに住んでいます」

自分の聞いていることが、なかなか信じられなかった。はしけ? 低い屋根の? 僕は思った。たぶん真っ直ぐに立つことすら無理だ、ましてや「ファン・スイング™」を取り付けるなんて。

「そうですか、それでは、それが問題だと思います。充分な空間を確保できないでしょうから。説明書に最小限必要な高さが記されているはずです。しかし申し訳ありませんが、すでにお使いになられているので、残念ながら返品は承れません」商人としての僕の権利を守るため、伝えた。

「あぁ、処分したくはないんです」彼は言った。「妻が気に入っているので、ただもう少し小さいバネを用意していただければと思ったんです。そうすれば、デッキにお尻を、屋根に頭をぶつけることなく、私たちのボートでも使いつづけられるので」

僕の頭に、セクシーなベニー・ヒルの鮮やかな寸劇の光景が浮かんだ！　まぁ、僕は繰り返し自分に言い聞かせているけれど……いろんな人がいるものだ！

時には、お客さまが僕らのインスピレーションになることもあった！　ショーでＳＭプレイの女王様と話した時のことをよく覚えている。彼女は、誰に対して、どのように役目を果たすのか、大いに楽しみながら説明していた。でも難題があることも認めていた。一番盛り上がっている時に鞭を下に置いてしまうと、暗闇でそれを探し当てることができないのだ。

「あなたに何が必要か、わかった」と僕。「太もも丈ブーツに細長いポケットがいるんですよ。想像してみてください、そのポケットに鞭をゆっくりと滑らせ、出し入れする様を。どれほどセクシーに見えるでしょうね。鞭は常に手元にあるし、絶対になくさないと思います」

「それ、最高！」彼女が興奮して言った。「絶対に、私のお客さまも気に入ってくれるはず」

こうして偶然の出会いと二人の会話から、史上初の「鞭ブーツ」をデザインし、このブーツは映画とミュージカル『キンキーブーツ』の象徴的な要素となった。

素晴らしいお客さまといると、時間を無駄にすることは決してない。お客さまは、新しいデザインをひらめかせ、新たな高みに導き、好待遇を受ければ、これまでで最高の広告となりうる。お客さまがいなければ、キンキーブーツ工場が銀幕に登場することなど、絶対になかっただろう。

『キンキーブーツ』はロンドンで初公開され、全国の映画館や、世界中の数え切れないほどの町や都市で上映された。『キンキーブーツ』は、まさに世界に広がった！

「キンキーブーツと靴は、持ち主が履くまでは単なる履物、履かれて命を吹き込まれる」

スティーヴ・ペイトマン

自らの成功の犠牲者

テレビ番組、映画、そして参加したすべての見本市や展示会の後、僕らは本当に素晴らしい取引の続く数年間を過ごした。自分たちの「ニッチ市場」を見つけ、良いサービスと他にはない製品で、あっという間に評判を得たのだ。

だが、成功には代償があった。デュッセルドルフで行なわれたある見本市で、「ディヴァイン」製品に多大な興味を示す英国人男性と出会った。彼はブースで僕らに話しかけてきて、製造工程に関する質問をしてきたりして、常連客のようになった。僕らは彼を、正真正銘のバイヤーだと思っていた。

後に、その人物がレスターの卸売り業者で、彼の関心が完全に職業上のものだったとわかった。彼はキンキーブーツ市場で「手っ取り早く金儲け」するため、僕らを「手なずけ」、可能な限り多くの情報を得ようとしていたのだ。

見本市の数ヵ月後、取引先のある店から電話がかかってきた。店のマネージャーに、英国でのキンキーブーツの主要供給元だと言い張るレスターの卸売り業者から電話があったという。僕らにとってありがたいことに、電話を受けたマネージャーはかなり怪しんでいた。もし僕らが製品の供給方法を変えたなら、連絡してくるとわかっていたからだ。

この詐欺供給業者の電話番号を顧客が教えてくれたので、僕は電話をかけた。すると何と！　デュッセルドルフの見本市で我々のブーツに多大な関心を寄せていた、あの男だった。

裕福なその男は、安い中国製の僕らの模倣品ブーツや靴に大金をつぎ込み、そうした物を僕らの製品と同じ価格で販売していた。この男は、低品質で履き心地の悪い、ひどいデザインで粗悪に作られたブーツや靴を、我々の半額で市場に溢れさせようとしていた。

本物の製造業者であり供給元の僕らは、今や、この男の販売する安価で劣等な履物との対立に直面したのだ。幸い、常連客は僕らの製品を愛用しつづけてくれたけれど、キンキーブーツと靴の商売には、パーティーや何か用にブーツを欲しがる「一回限り」のお客さまが常にたくさんいて、当然、そういう人たちは安い模倣品に流れるだろう。

この男は模倣品ビジネスに手を染めた大勢の中のひとりで、奴らは徐々に僕らが積み上げてきた取引の息の根を止めようとしてきた。我々は何年間も、W・J・ブルックス社のブローグをはじめとする通常の靴製品で安い輸入品と闘ってきていた。そしてその状況を、「ディヴァイン」製品を導入することで、乗り越えてきていた。**しかし今や、**同じことが再び起きようとしている。

僕らは、自らの成功の犠牲者になっていた。工場の隣、キング・ストリートにまだ店舗はあって、常連客はまだ買いに来てくれていたけれど、時の流れと共にその数は減りつづけていった。

これらすべては思いもよらない深刻な影響を僕に与えた。従業員八〇名、三階建ての建物、人気の通信販売で成功した工場の社長だった僕は、走り回り、多忙で、人の役に立つことに慣れていた。今は突然、狭苦しい倉庫を歩き回るだけになり、小さな事務所にほとんど閉じ込められ、檻に入れられたライオンのようだと感じはじめていた。いらだっていた。そしてこの時、僕は再び、自分の人生の方向転換を考えはじめた。

ある日、地元のラジオ局で予備消防士募集に関する番組を偶然耳にした。意欲をそそる、やりがいのある、刺激的な仕事で、興味深く心に響いた。問い合わせてみると、仕事を続けながら地元の村アールズ・バートンの予備消防士になれることがわかった。待機中は出動を知らせる「ポケットベル」を携帯、その時にはすべてを中断して消防署へ行き、消防車に飛び乗り、火事や交通事故など、発生したあらゆる緊急事態に向かわなければならない。

僕の欲求不満に対する完璧な解決策に思えた。活気を取り戻すんだ。スタンとクラリスがまだ一緒に働いてくれていたので、もし僕が呼び出されても、彼らに仕事を任せて進めてもらうことは可能だった。

ノーサンプトンシャー州消防救急隊予備消防士になるために受ける、すべての入隊試験に僕は合格した。この仕事はとても楽しかったので、常勤でこの仕事に就くことを考えた。専任の消防士になるには、身体検査と筆記試験という長く厳しい過程があり、何千人も応募者がいるので、ちょっとした競争だ！

まずは、ルートン&ベッドフォードシャー州消防救急隊に挑戦した。すると他の三〇名と共に合格、この時点で僕は一年間の補欠人名簿に載った。

せっかちで待ちたくなかった僕は、スタッフォードシャー州消防救急隊に応募した。再びルートン&ベッドフォードシャー州消防救急隊の審査と同じ過程を経て、運よく面接までこぎ着けた。面接はとてもうまくいったと思ったけれど、またしても「幸運を祈り」待つ試合だった。辛抱強く待って、もしすみやかに連絡が来なければ、予備消防士で我慢しようと心に決めた。

すると突然、スタッフォードシャー州に採用され、その後、同じ日にルートン&ベッドフォードシャー州に採用された。それはまるでバスを待っているようだった。ずっと一台も来ないのに、二台一緒に来る！　信じられなかった！

さぁ、決断しなければ、どっちにする？　南へ行く？　それとも北へ？　結局、北にした。いろいろな理由から僕にとってより良い選択に思えた。

合格したのは本当にラッキーだったと思う。採用過程は非常に複雑で、僕は最初の応募者およそ五〇〇〇人の中のひとりだった。それから書類審査で半数に絞られ、次に試験と面接がある。四三歳という年齢で、好きなことを仕事にして新たなキャリアを始めるということを、誇りに思った。

僕のすべての時間は、常勤消防士としての生活に奪われ、それはすなわち「ディヴァイン」への僕の関わりが次第に減ってゆくことを意味した。いずれは決断しなければならなかった。正直にいうと、決断は自分のために下された。注文は減る一方。安い輸入品が売り上げを圧迫していた。最愛のものだったけれど、僕の心は、もう完全に、そこにはなかった。

再び、すべてが僕に不利に働いているようだった。今回は頂点に来たかった。僕はやろうとしたこと……それ以上のことを達成していた！

遺憾ながら、「ディヴァイン」は閉店するしかなかった。他の誰かに、僕の「ベイビー」を引き継がせるつもりはなかった。長きにわたり全力を尽くしたから、まったく知らない人に事業を売るなんて考えられなかった。だから僕はまた、一番イヤなことをしなければならなかった。スタンとクラリスに、僕が廃業すること、そして二人が職を失うことを直接、伝えなければならなかった。僕ら三人にとって、胸が張り裂けそうな事態だったけれど、二人はわかっていた。彼らと僕は、良い時も悪い時も一緒だったから、前兆には気づいていたのだ。

僕はもう、靴職人ではなかった。新しい扉が再び開いた。一二週間の訓練を終え、リッチフィールド消防署で最初の勤務を開始。消防士の素晴らしいチームが、消防士の資格を取得するまでの試用期間中、僕を助けてくれた。しかし、一四日ごとに一〇日間、家を離れて暮らすのは大変だった。そこで最終的には、予備消防士として最初に働きはじめた故郷の州になんとか転勤した。僕はノーサンプトンのメアウェイ消防署に配属され、地元に戻ったことは家族にとっても僕にとっても、かなりよかった。

もうひとつの新しいチャプターが始まった。消火活動だけでなく、急流救助やボート救助といった専門救助チームの一員になったことで、学ぶべき技術がさらにあった。

これが僕の、最後の大きな変化になるのだろうか？

他に何か、話に付け加えることはあるかな？　未来に何が待ち受けているかなんて、誰にもわからないよね？

「靴作りと消火活動なら、どちらをやりたいですか？」アフター・ディナーの講演に呼ばれた時、特によく人から聞かれる。本当に答えるのが難しい質問だ。靴は、僕の人生、歴史、インスピレーション。靴は僕に、存在すら知らなかった世界への旅と、信じられないほど素晴らしい機会を与えてくれた。

靴業界に戻りたい気持ちは山々でも、この国での製造業は現在、大変なことになっている。部品の供給元は限られ、技術は衰退、生産コストと形式的で非効率な役所仕事と法規制の増加、どうやって現存する企業がやりくりしているのか、僕にはさっぱりわからない。ただただ脱帽、彼らを称賛する。

消防士としての新しいキャリアは業務上、活動的で刺激的でやりがいがある。困っている人を助けることは、控えめながら充実感がある。しかし一方で、経費と人員の削減、変化のための絶え間ない変化は、昨今、公務員として救急業務に携わる人々にとって非常に士気を低下させるものだ。

靴工場での生活は今や僕にとっては歴史だ。もう二度とない。これまでの僕の物語は、リスクを冒し、前へ進み、過去を振り返らない、ということに尽きる。次の素晴らしい冒険を探すことが、すべてだ。

これを書いている時点で、僕には六〇歳の定年まで、現役の消防士として五年の歳月が残されている。その後は、六七歳で老齢年金を受け取るまで、次の七年間を有意義に過ごす術を見つけなくちゃならない。新しい仕事のキャリア？　どうやってこの年月を埋めるかなんて、誰にもわからない。人生で秘密にしていることは何もないし、本当のことは、まだ何もわかってない！

スティーヴ・ペイトマン

「ニッチ市場は成功をもたらす、でも新たな問題と挑戦も運んでくる」

25 バートンからブロードウェイへ

常勤消防士の生活と、ノーサンプトンシャー州での靴職人の生活を比べるなんて不可能だ！　ヴィクトリア女王時代の工場で行なう規則的な日常業務と、野外で取り組む実話の人間ドラマでは、まるで月とスッポンだ。

僕の新しい生活は刺激的でやりがいがあって、時には危険を伴うけれど毎日違って、次の勤務で何が起こるのか、決してわからない。

おまけに僕の同僚は、『トラブル・アット・ザ・トップ』や後の映画についてすべて知っていたけれど、僕の人生におけるその部分が新しいキャリアに影響を及ぼすことはない。実際、新しい仕事に没頭すると、そのことについてはほとんど考えなかった。

再び一本の電話がかかってきて、そのことすべてを表面化させるまでは。

電話は、ハーバー・ピクチャーズのニック・バートンからだった。「スティーヴ、お知らせしたいんですが、『キンキーブーツ』をミュージカルにしようと思っているって、ちょうど今聞きました」

「なんだって」僕は思った「昔は昔、今は今」だ。おそらく僕は皮肉っぽく、うんざりしていたのかもしれないけれど、第一に思ったのは、計画されても制作されないミュージカルがどれほど多くあるか、ということだった。しかし、数週間、数ヵ月が経つにつれ、その計画のことを詳しく聞くようになった。そして届いた大ニュース、シンディ・ローパーが音楽を手がけることになったと知り、ワクワクした。

若い頃、僕はナイトクラブでDJをしていて、自分のレコードを持っていてシンディのヒット曲「ガールズ・ジャスト・ワナ・ハヴ・ファン」などを、何度も何度もプレイしていた。

すごい、こんな有名人が参加しているなら、このミュージカルにはチャンスがあるかもしれない。でも、これは僕の話なのに——誰も僕に連絡してこなかった。ちょっと変な気分だった。なにしろチャーリー・プライスは僕をモデルにしているんだから、間違いなく僕の実話に基づいているんだから、僕は彼らの役に立てるんじゃないかな？　残念ながら、そうではなかった。

彼らはミュージカル化の権利をディズニー社から取得していた。それは充分に理解していたけれど、それでも僕に相談すべきだったと思っている。当然、連絡がないことに失望し動揺したけれど、同時にミュージカルになることに興奮していた。

すべては二〇〇六年に始まった。トニー賞を一〇回受賞しているブロードウェイプロデューサー、ダリル・ロスがサンダンス映画祭で映画『キンキーブーツ』を観て、素晴らしいミュージカルになるだろうと思ったのだ。そこで彼女は二〇〇八年に計画を立てはじめ、権利をもつディズニー社との契約を成立。二〇一〇年には、ハーヴェイ・ファイアスタインとシンディ・ローパーが脚本と作曲で参加した。

これは明らかに、何か大きなものになりそうだった。きっと、僕に関われそうなことがあるんじゃないかな？　そこで誰がこのミュージカルの宣伝担当なのかを調べ、メールを送った。

「スティーヴ・ペイトマンと申します」僕は書いた。「映画の登場人物チャーリー・プライスのモデルになった本人です。ミュージカル化を非常に嬉しく思います。ぜひ参加させてください、金銭的な意味ではなく、初日公演にうかがえれば幸いです。飛行機の切符とミュージカルのチケットを何枚か、その夜のホテルと何杯かのビールをご用意いただければ大丈夫です。公式の場への登場やインタビューなど、希望される宣伝活動に私を使っていただいて構いません」

返信は、熱意があるとは言いがたかった。「考えておきます」というのが、彼らが示した最も前向きに近いもので「もし、自前で来て滞在されるのであれば、ミュージカルのチケットを二枚ご用意します」とのこと。

大したことじゃない！　行かなかった。僕が後悔しているかって？　うん、しているとと思う、いろんな点で。でも、今の僕には別の仕事があって、暮らし方も全然違った。飛行機代とマンハッタンのホテル代を払う余裕があるだろうか？　正直にいって、ない！

その場にいたかったけれど、たぶん僕は場違いな取り巻きで、隅に隠れた単なる「楽屋口の追っかけ」にしか見えなかったかもしれない。完全に時間と金の無駄だっただろう。

当時それは耐えなきゃならない嫌なことで、今でも、ニューヨークにミュージカル『キンキーブーツ』を観に行けたらと思っている。なぜなら、そこで始まったから。でも僕は先へ進み、ミュージカルも先へ進んだ。僕は何度かロンドンでミュージカル『キンキーブーツ』を観ていて、非常に誇りに思っている。でも、もし初日に参加していたら、もっと誇りに思っていただろう。

ブロードウェイ上演に先駆け、プレビュー公演は二〇一二年、シカゴのバンク・オブ・アメリカ劇場で行なわれ、瞬く間に人気を集めた。一年後、二〇一三年四月三日に『キンキーブーツ』はブロードウェイのアル・ハーシュフェルド劇場で開幕した。[*1]直後の評判は、いまひとつだった。

同じ頃、イギリスのミュージカル『マチルダ』が幕を上げ絶賛されていた。「賞」シーズンが近づいていて、開幕の一ヵ月後には『キンキーブーツ』が『マチルダ』を観客動員数で軽々と上回っていた。トニー賞の候補作品が発表された。『キンキーブーツ』は、どのミュージカルよりも多く、驚くことに一三部門でノミネートされた。その結果、一三部門のうち、ミュージカル作品賞、オリジナル楽曲賞、振付賞を含む六部門で受賞。キャストによるアルバムは、瞬く間にビルボードのキャスト・アルバム・チャートで第一位に輝いた。

小さなアールズ・バートンの靴職人の話が、ブロードウェイで圧勝した！　信じられないことだった、そしてそこに、僕はいなかった。

後でわかったことだけれど、僕らの親友のひとりヴィッキーがニューヨークに行き『キンキーブーツ』を観ていた。彼女はブロードウェイから「プレイビル」として知られるプログラムと、キャスト・レコーディングのＣＤを僕に持ってきてくれた。楽屋口に立ち寄った彼女は、何人かの出演者からプログラムにサインをしてもらっていた。

プログラムを受け取るやいなや、僕の名前に関する記述を念入りに探した。けれどもどこにもなかった。「実話に基づく」というのが最も近い部分だった。「スティーヴ・ペイトマンの……」と付け加えることすらできなかったのだろうか？　それが僕には大きな意味をもったのに。

でも、時が癒やしてくれる。僕はミュージカルの進捗を注意深く追っていたし、その成功に感激している。自分が何をしたか、何を達成したのか、僕はわかっている。だから、それがすべてだ。キンキーブーツをインターネットで検索するほど熱心な人は、そこですぐに僕の名前を見つけるだろう！

ブロードウェイ公演を観た人の経験を共有することで、僕はワクワクした。マーク、トレイシー、リズ、コリンなど、僕の友人は休暇でニューヨークへ行き、『キンキーブーツ』を観ることにしていた。

「ヴィッキーと同じことをやってみなよ」僕は言った。「楽屋口へ行って、名乗って、本物のチャーリー・プライスの友だちです、って伝えるんだ！」

これを彼らはやった。ミュージカルを観てとても気に入り、楽屋口へ行くと守衛に、自分たちが何者であるか、本物のチャーリー・プライスとの繋がりを話した。彼らの説明を出演者のひとり、トリッシュとミラノのステージマネージャーの二役を務めるアディナ・アレクサンダーが偶然耳にした。彼女は興奮して、ちょっと盛り上がり「なんてことかしら、すごい。ちょっとここで待っていてください。みんなに言ってくる」そう言うと立ち去り、数分後、他の出演者や舞台監督を連れて戻ってきた。彼らも同様に熱心に、本物の「チャーリー」やキンキーブーツ工場に関するさまざまな質問をした。

舞台監督はバックスステージツアーをしてくれて、小道具や、最も刺激的なダンスシーンのひとつが披露される有名なベルトコンベアーの仕組みを見せてくれた！　このツアーの後、打ち上げパーティーがあるとアディナが話し、彼らを招待した。

後日、アディナ自身の言葉で……

ブロードウェイ公演で好きなことのひとつは、楽屋口を出て、公演の後に出待ちをしてくれているファンのために、「プレイビル」にサインをすることです。それは交流の機会で、ファンの方々にとって、大きな意味をもつものです。

ある晩、私がサインをしていると「ノーサンプトンから来ました!!! 本物のチャーリー・プライスの知り合いです!」という声が聞こえてきました。驚いて立ち止まると、コリンと彼の素敵な奥さまが別のカップルと一緒にいるのが見えました。私は囲いを回ってくるよう身振りで伝え、スペシャルツアーをするため舞台裏へお連れしました。その後、私たちはみんなで隣のバー、ビア・カルチャーへ、ビールとウィスキーを楽しみに向かいました。私たちはフェイスブックで連絡を取り合い、私がロンドンへ行く、と投稿すると、彼らはノーサンプトンへ招待してくれました。したいことを聞かれたので、私は「本物のチャーリー・プライスに会いたい」と言いました。

ノーサンプトンのあちこち、靴博物館や私たちのセットのモデルでもあるトリッカーズの工場を案内してくれました。そして私たちは、スティーヴに会うためパブへ行ったのです!!! 彼はとても感じがよくて、楽しくて、このような人が、どうやって自分の工場をキンキーな履物を人々が買える場所に変えたのか、私にはわかりました!!! 彼は偏見のない温かい人で、アールズ・バートンのあちこち、映画が撮影されたあらゆる場所を案内してくれました。

これは私のイギリス旅行で最も印象に残る出来事で、毎晩、知っているふりをしていたあらゆる場所を実際に見たことで、私のパフォーマンスに豊かさが吹き込まれました!!!

キンキーブーツは、私の人生にとって、信じられないほど素晴らしい贈り物です!!!

ありがとう、スティーヴ!!!

帰ってくると彼らは、楽しく過ごした時間のことを僕に話してくれた。正直うらやましかった（良い意味で）。上演はニューヨークだけだったので、僕はまだミュージカルを観ていなかったから。

この偶然の出会いを通じて仲よくなったアディナは、休暇でイギリスを訪れた際、新しい四人の「イギリス人の友だち」と会うため、アールズ・バートンへやってきた。友人たちは彼女に僕を紹介する場を設けて、僕らは何時間も『キンキーブーツ』の話で盛り上がった！

彼女には物語が始まった工場の外観を見てもらった。

映画の撮影が行なわれた教会の墓地へも行った。「プライス親子」が座っていた教会の塀の上に僕らも腰掛けて村を見下ろし、彼女は大喜びしていた。バートンにやってきたブロードウェイ・スターに僕は畏敬の念を抱き、僕らと僕らが見せたすべてのものに、彼女はさらなる畏敬の念を抱いていた。

フェイスブックでの交流を通じてアディナと今や強く結ばれた友情が、どういうわけか、ブロードウェイ公演に関われなかった僕の悲しみを和らげてくれていた。

その後、『キンキーブーツ』がウエスト・エンドで上演されるというニュースが届いた。それは本当に刺激的で、再び僕への注目度が高まった。依然としてロンドンの製作側から連絡はなかったけれど、何かしらの方法で参加することになるのだろうかと、僕は思案していた。

心配無用だった。『キンキーブーツ』のＰＲ会社の人が、僕に参加してほしいという信じられない知らせを電話で伝えてくれたのだ。

やがて、彼らはアールズ・バートンにやってきて僕と会い、続いて僕がロンドンへ行って彼らと対面し詳細を詰めた。初日の日付が知らされ、チケットが確保された。今回は三人、リトル・ダンは今や一九七センチのビッグ・ダンなので、サラとダンと僕で、家族として参加することになった。

まずは、アデルフィ劇場でのプレビュー公演にＰＲ会社が僕を招いた。それは一日半の行程！　上演を観るだけでなく舞台裏へ行き、舞台袖に立って最後のリハーサルを見届けた。

一〇分休憩を取った時、広報担当の女性たちは監督のところへ向かい、チャーリー・プライスのモデル、スティーヴ・

ペイトマンが舞台袖にいることを伝えた。またしても、びっくりするような反応だった。僕はステージへ上がりキャストと会い、彼らはまたしても、僕を質問攻めにした。

チャーリー役のキリアン・ドネリーが、一番もっともな問いを投げかけてきた「なぜ、もっと前に会わなかったんでしょう？ 役作りの助けになったのに」良い指摘だと思った！ ジョエルも映画撮影の初日にセットで会った時、まさに同じことを言っていた。

「ローラに初めて会った時、どう思いました？」キリアンが尋ねた「工場の従業員はどんな反応を？ ミラノに行くのはどんな感じでしたか？」質問、質問、また質問！ 本当にワクワクしたし、彼らみんなにとって貴重な助言だったと思う。

広報担当の女性二人が食事に連れていってくれて、その後、プレビュー公演を観るためアデルフィ劇場に戻った。僕は二人の間に座った。オンラインでミュージカルのいくつかの場面映像を観ていたし、全曲入りのオリジナル・ブロードウェイ・キャスト・レコーディングCDを持っていた。だけど、生でミュージカル全体を観るという経験の、足元にも及ばなかった。

観客が劇場に足を踏み入れると、舞台全体に描かれた前面の幕が目に入る。そこは僕らの工場、ドアの上には、PRICE & SON BOOTMAKERS NORTHAMPTONの文字が。照明が落ちるとドンが歩いてきて、携帯電話の電源を切るよう注意喚起する。前幕が飛び去り、ついにショーが始まる。「僕の」物語が展開して、僕にとっては感情のジェットコースターだった。

いくつかの場面は別として、映画と非常に似ている。でも、一幕の終わりに向かう幕間の直前に、とても感動的な曲がある。ローラとチャーリーのデュエット「ノット・マイ・ファーザーズ・サン」だ。この曲で二人は、父親との関係や、人生を通して応えなければならない期待への感情を分かち合う。この場面は、正直、胸にぐさりと突き刺さって、僕は泣き出した。

曲が進むにつれてどんどん激しくなり、終いにはむせび泣いていた。隠そうとしていたけれど、両側のPR担当女性たちが、僕にティッシュを差し出しているのがわかった。僕は物語の多くを追体験して、幕間に客電がつく頃には精神的に参っていた！

いろんな意味で僕は、この物語と自分を引き離していた。気持ちの整理はついたと思っていたけれど、それは僕が抑え込もうとした想いや記憶のすべてを呼び覚ました。僕の生活は多忙で、他のことで頭がいっぱいだった。でも、ここに再び、それはあった。僕の物語だった。僕の故国に物語が帰ってきた。それが本来、あるべき場所に！

いろんな意味で僕は、このような英国の物語がアメリカ人、そして今や世界中の観客の心を捉えていることに驚いた。でもこれは、誰もが何らかの形で共感しうる感情の普遍的な物語だ。

ミュージカル『キンキーブーツ』の脚本家ハーヴェイ・ファイアスタインは、『キンキーブーツ』は本質的に、二人のまったく異なる男性たちが、自身のアイデンティティに葛藤しながら父親との関係を築く物語、と書いている。だから作品の中で、あの曲は非常に重要なのだ。僕はよく、観客の中の何人の男性が、僕が初めてあの曲を聴いた時と同じように感じているのかな、と思うことがある。

『キンキーブーツ』は僕を、楽しい瞬間や悲しい時、刺激的な感覚や破滅的な感情へと引き戻した。特に、人員削減を余儀なくされた辛い時の追体験、もちろん僕の「ディヴァイン」キンキーブーツの成功を目撃する高揚感の追体験に、衝撃を受けた。

このミュージカルが大好きになった。何から何まで素晴らしく、最後に湧き上がる感情を、僕は一生涯、忘れないだろう。観客は興奮し、立ち上がって歓声を上げるなか、僕は歓喜の海に囲まれ、ただ座り込んでいた。しばらくして、立ち上がらないのは申し訳ないと思って、必死に立とうとしたけれど、全身が震えていてまた座るしかなかった。

客電がついて、PR担当女性のひとりが「ところで、どう思われました？」別の担当が「大丈夫ですか？」と言った。彼女たちは、僕の涙に濡れた顔と泣き腫らした目を見ていた。「ちょっと時間が必要です」と僕は告げた。そして我々は席に座り、他の観客が去るのを待った。僕は作品について話をしたくなかった、ティッシュを手渡してくれた二人の支援者とさえも！

最終的に、我々はバーで回復するためのちょっとした「元気づけの一杯」に辿り着き、その後、セント・パンクラス駅に連れていかれ、家族のもとへと帰った。サラとダンと分かち合いたいことはたくさんあったけれど、ミュージカルがどんな影響を僕に与えたのかは、言わないでおきたかった。さまざまな点でそれは彼らの物語でもあったから、新鮮な見方をして、彼ら自身に判断してほしかった。

そして再び、「公演初日」に手配してくれた列車に乗り、またしても僕は、BBCの番組を通じて初めて「名声」と遭遇した場所、セント・パンクラス駅のホームを歩いた。僕の人生で鉄道の駅がこれほど重要な役割を果たしているなんて、驚きだ。

ただひとつ違っていたのは、駅がすっかり見違えるほど改装されたことだ。今ではヨーロッパ各地への直通電車が発着するセント・パンクラス・インターナショナル駅というだけでなく、有名店が並ぶショッピングモールでもある。

ホテルに到着するやいなや、僕は自分の名前が書かれた大きなフォルダを渡された。公演初日のあらゆる事柄を詳細に記した予定表だった。それをダンに渡した――彼は今、僕個人の右腕だ！

僕らは部屋へ向かった。ドアを開けると、サラが悲しげに「うわぁ、予想外。最悪、見て、鏡がない。ちゃんとした鏡がないと、どうにもならないわ」と言った。

一巻の終わりとでも言うように。

「ダンの部屋がどんなか、見に行ってみよう」僕は彼女を元気づけたかった。ダンが部屋のドアを開けた。大はしゃぎで「すごい、なんて部屋、最高」ににこに顔だった。

なんてこった。僕らの部屋が彼に、彼の部屋が僕らに与えられていた。「移動しなくていいよね」ダンが必死に頼み込んできた。サラと僕は顔を見合わせ、彼女は首を横に振った。「仕方ない、ただ、この部屋にある大きな鏡を我々が借りることで、折り合いをつけよう」「わかった」ダンが喜んだ。こうして僕らは鏡を取り外して移動させるあいだ、廊下ですれ違う他の宿泊客を楽しませ、部屋に戻った。

落ち着いてからレストランで食事を済ませ、ＰＲ担当者が僕らをロビーで出迎え、待機している車まで案内してくれた。

ストランドにあるアデルフィ劇場に到着すると、群衆が集まり報道陣が囲いの中で待っているのが見えた。正面玄関の両側のレッドカーペットには立ち入り禁止エリアがあった。他の有名人ゲストのほとんどは左側を使っていたので、サラとダンと、そっちの方へ向かった。

「ちょっと待って」我々のPR担当が言った。「我々は、こちら側から入らないと」その時に僕らは、自分たちがあまり関係のない、よそ者のようだと感じはじめた。シンディ・ローパー、ハーヴェイ・ファイアスタイン、そして「Aリスト」のスターたちは全員、一方の入り口を使っていて、僕らのようなその他の人々は、もう一方の入り口を使った。

ほとんどの報道陣の前を通り過ぎた。僕は少しがっかりして、サラはむかついていた。だけど僕は醜態をさらしたくはなかったので、指示された通り中へ入った。宣伝資料の前で何枚か写真を撮ってもらい、本物のスターが入ってくるのを待つ間、何人かの人に紹介された。

その後、シンディ・ローパー、ハーヴェイ・ファイアスタインなどがやってきて、握手をしながら列を下っていった。女王が一人ひとりと、ほんの一瞬だけ時を過ごす王室行事のようだった。シンディが僕のところに来た時、「こんにちは、スティ……」と言いはじめたところで、彼女はいなくなっていた!

ご心配なく、とPR担当者が言った。開演前はみんなあんな感じで、交流できるのは公演終了後のパーティーの時だ。僕らはバーでシャンパンを飲み、ドレス・サークル席[*2]に他の有名人と共に座った。

僕らの気分は少しよくなっていた。サラは相変わらず「セレブ探し」で辺りを見渡し、一方で僕は、座って久しぶりにリラックスした。

ミュージカルが始まった。キャストと脚光から生じる燃え上がるような激しい情熱を、僕らは感じていた。

そして「あの」曲、プレビュー公演の時に、僕を激しく感動させたチャーリーとローラのデュエットが始まった。またしても涙が溢れ、むせび泣いた。サラは僕を慰めようとした。ダンは恥ずかしがって、僕も恥ずかしかった、なぜなら、息子が恥ずかしがっていたから。なんて三人組!

休憩の間、PR担当者は僕らを何人かの人に紹介して、その後、イギリスのテレビドラマ『イーストエンダーズ』や『コロネーション・ストリート』に出ていた女優ミシェル・コリンズに紹介してくれた。これは忘れられない出来事。彼女はひとりだったようで、残りの休憩時間中、僕らと一緒にいておしゃべりしたから！

第二幕の前にトイレに寄ると、他の観客の感想がいくつか聞こえてきた。どれも好意的で、みんな間違いなくミュージカルを楽しんでいた。BBCの番組『トラブル・アット・ザ・トップ』を思い出した、とまで言っている人がいて、僕は「素晴らしい」と思った。すると別の男が「でも、そのことはプログラムに書かれてないよ」と言った。僕はまた考えはじめた、他の誰かがその抜けに気づいていた。

僕は席に戻り、聞いたばかりの感想をサラに話した。「なぜ、あなたが誰か伝えなかったの？ きっと感動してくれたのに」家族思いのサラ、僕のたったひとりの宣伝マシーン！

そのことが二幕の最中、ずっと頭をよぎっていた。僕はサラとダンと共に、僕が本物の「チャーリー・プライス」であることを知る由もない人々に取り囲まれ座っていた。それを知ったら人々はどう思うのだろうか。最後にこの悩ましさをサラにささやいた。大間違いだった！

他の人たちが外に出ようと僕らを通り越して移動するなか、僕らはそこに立っていた。僕の横に座っていた男性が立ち上がり、僕ら三人の前を通ろうとした。「あなたは、幸運ですよ」サラがその人に言った。その気の毒な人が驚いていると「誰の隣に座っていたか、ご存じないですよね？」

僕は縮み上がってしまった！「すみません、今なんと？」彼が返すと、サラは背筋をピンと伸ばした。「彼は、本物のチャーリー・プライス、私の夫、スティーヴ・ペイトマンでございます」

それは何年か前、地下鉄で向かいに座った男性に気づかれた時のようだった。その時その人は車両全体に伝えた。またそんな感じだった。劇場で隣の席だった男性は、急いで出るのを止めて立ち止まり、僕らと話し、よくある質問をしてきた。その後、それを聞いていた他の人々も会話に入ってきて、ほどなく僕らの賛美の輪ができ、僕だけでなく、サラとダンにも質問が飛んだ。

「でもプログラムに、あなたのことは書かれていません」ある事情通が意見した。ヤバい、困った！　僕は批判する立場になかったので、何とかしてうまく切り抜けようとした。だから多くを語らずにやり過ごした。でも傷ついた。

公演後のパーティーは、劇場からそれほど離れていないデ・ヴィア・グランド・コノート・ルームで行なわれた。僕らはメディア対応をするのかと思っていたけれど、それはなかった。映画『キンキーブーツ』のプロデューサー、ハーバー・ピクチャーズのニック、スザンヌ、ピーターと会って、楽しく会話をした。

パーティーは面白かった。サラが有名人に気づくと僕を引っ張っていって紹介したり、何人かブロードウェイのオリジナルキャストに遭遇したりもした。彼らは僕と会えてとても感激してくれた。僕の友人、マーク、トレイシー、リズ、コリンがニューヨークにミュージカルを観に行った時、この人たちと会ったのかな、なんて思った。

複雑な心境だったけれど、素晴らしいパーティーだった。サラの先導で会場を回り、彼女は雇われたPRの人たちよりうまくやっていた。有名人を見つけ出すと、追跡して、まるで獲物に忍び寄るライオンみたいに追い詰めていた。

彼女のおかげで、グレアム・ノートン、スー・ポラード、サラ＝ジェーン・ポッツ、そして、この夜の公演出演者たちと話しが弾んだ。

そしてついに、シンディ・ローパーを見つけ出し、僕らは自己紹介をした。彼女はボディーガードに囲まれながら、少しの間、僕らと過ごしてくれた。近づけなかったし、話している間は手に飲み物を持つことができなかった。非常に厳しい制約があった。でも去る前に彼女は、一緒に写真を撮ることを許してくれた。

彼女は、本物のチャーリー・プライスと会えて嬉しかったかな？　僕らは知る由もない。彼女は『キンキーブーツ』を、自分のものにしたのかな？　確かに、彼女の名を冠したこの作品は、今や世界的な話題となっている。でも、この物語は今もなお、バートンのものだ。

この物語を生き、この物語に取り組んだ人々のもの。結局のところ、あらゆる物語のように、その出所と、その物語を実現させた実在する人々を、決して忘れてはならないと思う。

ブロードウェイでの受賞に加えて、二〇一六年、『キンキーブーツ』ロンドン公演はベストミュージカルを含む三つのローレンス・オリヴィエ賞を獲得した。
これを書いている時点で、ミュージカル『キンキーブーツ』は、シカゴ、ニューヨーク、サンフランシスコで上演、または上演中で、米国、ソウル、トロント、ブリスベン、シドニー、マルメ、東京、ハンブルク、マニラ、ワルシャワ、ロンドン、現在は英国でもツアー中だ。

「あらゆる人の違いを受け入れることで、より良い世界が生まれる」

スティーヴ・ペイトマン

26 ローラは言う「偏見を捨てよう」

キンキーブーツは二〇年もの間、僕の人生の一部だった。いろいろな意味で、キンキーブーツは今なお大切なものだ。人々は依然として僕の話に興味を示してくれるし、ありがたいことに映画とミュージカルは、人々を喜ばせ楽しませ、元気を与えつづけている。

誰が想像しただろう？　イギリス中心部に位置する小さな歴史ある靴作りの村の裏通り、そこに建つヴィクトリア朝の古い工場が、二つのテレビ番組、賞にノミネートされた映画、複数のトニー賞を受賞したミュージカルの主題になるなんて。

バートンの裏通りからブロードウェイの歓楽街へ。

次のステップは、この物語のミュージカル映画化、それで完結だろうね！　どう？『ショー・ボート』から『サウンド・オブ・ミュージック』や『キューティ・ブロンド』まで、あらゆる成功したミュージカルがハリウッドで映画化されたと言ってもいいくらいの時代があった！[*1]

きっかけとなったのはテレビ番組で、僕はそれだけで充分ワクワクした。それが始まりにすぎないなんて知らずに！

バートンからブロードウェイまでは長旅で、その旅をあなたが僕と一緒に、本書で楽しんでくれていることを切に願う。あらゆる旅と同様に、僕の旅も教訓の連続で、多くのことを道中で学べていればと切に願う。覚えておいて、僕は父リチャード、母マーガレット、兄弟ダンカンと共に、小さな町の一般家族の一員として育った。クロイランド幼児学校と小学校から、ウェリングバラ学校へ進み、一六歳ですぐに家業に就いた。

学校を出た時、僕の強い願望は別のところにあったけれど、環境が僕を靴作りの人生へと導いた。興味をもち情熱を注いだ業界だ。朝、たくさんの革と共に仕事を始め、午後には完成した靴が工場から出荷されるのを見るのが大好きだった。毎日が達成感に満ち溢れ、決して後悔しない生き方だった。

ほんの小さなきっかけが、大きなことに繋がることがあると学んだ。だから自分のところに舞い込んだどんなチャンスでも掴むことが、常に重要だと僕は信じている。それがあなたの人生を変えるかもしれないから!!!

何年も前、「レイシーズ＝ファンタジー・ガール」のスー・シェパードに「ノー」と言うのは、僕にとって容易だったに違いない。それは要するに、単純に商売上の決断。僕らは女性用の靴を作っていなかったので「ノー」と言うことも可能だっただろう。

それまでの僕は、異性装者やスウィンガー、キンキー業界と、いかなる接点もなかった。「そのような製品に関わることはありません」と言ってしまえば、どんなに簡単だっただろう。でも、やってよかった。僕はいつだって、変わったことや極端なことに興味をそそられ、挑戦を好んだ。だから新しい世界へ僕の心を開いてくれたスー・シェパードには、一生涯、どんなに感謝してもしきれない!

でも心のどこかで「チャンスを掴め」と叫んでいた。もし僕らがそれを逃し、新しい世界を恐れ、真に劇的な一歩を踏み出さなかったら、真っ赤なパテントトレザーでハイヒールというキンキーブーツの世界を、確実に経験し損なっていただろう!

僕の物語を追った何百万もの人々が、テレビ番組、映画、ミュージカルを観る機会も決してなかっただろう。僕の願いは、この物語が人々の人生を豊かにし、人々の見解を変え、世界中の多くの人々に受け入れられることだ。

ほとんどの人にとってそうであるように、別の人格になりきるのは、僕にとってもスリル満点。ヒーローやヒロインに扮したり、秘密の妄想を演じたり、ただ単に日々の束縛から解放されたり、どのような形であれ、間違いなく誰もが楽しむものだ。

他人の生き方、考え、信念を、理解できないことを理由に否定するのは、簡単だ。

なぜ人々は、そうした素晴らしい人々を非難するのだろう？　恐怖心？　脅威を感じている？　それとも、自分たちとは違う人々にただ対処できないだけ？

誰を裁けばいい？　たぶん僕らは、もっと変化を受け入れるべきだ。「型にはまる」のはとても簡単――「普通」の人生を送ることに挑戦はない。だけど、嘘偽りのない個人として暮らし、社会通念に反した生活スタイルにこだわり、自分の「本当の色」を輝かせるには、ものすごい勇気が必要だ。

唯一自分を縛り付けているのは、自らに強いる限界だ。

きっと「他の人が考えていることは忘れよう、これが私、私の人生、好きなように、好きな場所で、好きな人と生きてゆく」そう言うべき時だ。

僕は「人間観察」が大好きで、この三〇年間、見習うべき素晴らしい人々に出会った。

僕が知り合い、大好きになった人たちはみな、偏見をもたず、受け入れ、信頼し、与えてくれた。僕が何も知らなかった世界に迎え入れてくれて、異なる人生観を見せてくれた。

すべての経験を経て僕は、視野が狭いことは恐ろしいと悟った。

僕のモットーは常に「すべてにチャンスを」だ。もし機会を与えなければ、何を逃したのか決してわからない。母親や父親の言葉みたいだよね、でも、やってみなければ好きかどうかもわからない。合わなければ、二度とやる必要はない。気に入れば最善を尽くして、我が道を行くだけだ。

後悔しているかって？　していないよ！　わかっている、僕は何回も笑いものになったし、バカなこともたくさんしたし、間違いも犯したし、信じられないほど恥ずかしいこともした。でも、後悔していない。その時が来たら、へとへとに疲れ果て、多忙で充実した生活の傷跡をさらしながら、墓穴に滑り込んでやる。「**わぁ**、なんて素晴らしい人生!!!」って叫びながら入りたいんだ。

靴職人は、何年もウィングチップやギブソン、オックスフォードシューズを作ってきたけれど、僕らの「ディヴァイン」キンキーブーツといったものを手がけることで、まったく新しい世界が開けた。僕が工場で働きはじめた三〇年前に「キンキーブーツ」と出会っていたらよかったのになぁ——今頃、何が起きていたか、誰にもわからないよね？

こうしたブーツや靴のおかげで、僕はたくさんの素敵な人たちと出会えた。彼らのライフスタイルを理解していない人たちがいることも、承知している。僕も最初はそうだったけれど、深く知るようになってすべてが変わった。

クラブや展示会、集会に招待され足を運ぶと、彼らが風変わりなことをして自由奔放な想像を追求し、人生を最高に楽しんでいる単なる一般人だ、ってことに気づいた。

彼らについて多くを学んだ。最も重要なのは、彼らが他人の考えを気にしていないことだ。彼らは彼ら。それを認め立ち上がれることに誇りをもっている。

大勢の人が「二重生活」を送り、自分が本当はどんな人間なのか、どんな人生を送りたいのか、何をしたいのか、受け入れない。つまるところ、ただ彼らは自分自身をだまして、本当の自分を見失っている。

真面目な話、男性サイズの婦人靴やブーツを買うことが、ほぼ不可能な時代があった。だから、もし僕の「ディヴァイン」製品で、今や異性装者や「トランス」として認識されたい人々の幸せに少しでも貢献できていれば、靴業界における僕の人生は価値あるものだったことになる。

男女共に、自分が異性であるべきと知りながら、己の体の中に閉じ込められていると感じている人々のことを考えてみて。どれほど辛く苦悩することか想像できる？「内なる」自分が「外なる」自分と一致していないと知りながら、その存在を生きていかなくてはならないのか？

僕が出会った人たちは、生物学的であれ、心理的であれ、その他の理由であれ、自分の人生を自分らしく生きる満ち足りた解放感を味わっている。それが彼らに、どんな自由を与えているか！

昨今、完全に偏見をもたないでいることは難しい。マスコミやソーシャルメディアが何らかの形で、往々にして気づかないうちに影響を与えているからだ。特に、ツイッターやフェイスブック、インスタグラムを通して知ったことを重視する若者にとっては困難だ。フェイクニュース、「加工」された写真、フォトショップ技術の発達で、人々の欠点は

「偽りの完璧さ」を加えるため、エアブラシで消されつつある。

こうしたマスコミュニケーションの形態は、今日の若者に多大な影響を及ぼしている。ただ、みんな「平均的」で、不安で、完璧ではなく、欠点をもっている、ということを理解させる良い影響でさえあればいいのだが！　我々はとりわけ、SNS、偏見をもつ人、いじめをする人の意見に屈してはならない。

すべては、僕らが、そして他者が、自分の人生をどう判断するのかという問題だろう。僕は、こう考えている。

それは劇場へ行って、自分の人生が舞台で上演されているのを観るようなものだ。どこに座るかは、あなたの視点と、あなたが己の人生の展開をどう観ているのかを反映するため、重要だ。

もしあなたが「神々」の真上——一番安い席に座ったら、舞台との距離があるため、視界が歪む。下を向いても見えるのは俳優の頭のてっぺんだけ。起きていることのすべてを観たり聴いたりはできない！

たいてい一番高額のロイヤルボックス席に座ったら、そこは見られるため、見せびらかすためだけに座る場所。一方向からのみの観劇となり、舞台上の大部分は見切れる。一部の動きを見逃すことになるし、見損ねた箇所が物語の一番大切な部分であることも多々ある！

舞台裏にいると、何が起きているのか聞こえはするだろうが、舞台装置が妨げになって、動きを見ることはできない。すき間からのぞいたとしても、人生劇を歪んだ形でちらりと目にするだけだろう。

劇を観る唯一適正な方法は、ドレス・サークルか一階の良い席、真正面に座ることだ。そうすれば、人生劇の視界を遮るものは何もないし、何にも邪魔されず舞台上で起きていることを目で、耳で、経験できる。くまなく多角的に人生劇を観られるのだ。

どこに座って人生劇を観劇したい？　僕はどこに座りたいかわかっている。そこは、僕が人生を最大限に経験し、隅から隅まで全体像を見られる場所。

場所を変え別の席に座れば、人生劇を別の角度から観られる。その劇を大嫌いになりそうと思いながら劇場に向かったとしても、異なる視点からその作品を観て聴いて体験すると、考え方や人生観がまったく変わる可能性が充分にある。

人も同じ。会って、話を聴いて、全貌を把握する。
『キンキーブーツ』で僕の人生の物語についてきてくれたみなさんへ
覚えておいて……
ローラが言ったように
「偏見を捨てよう」

「ハイヒールで堂々と立つと、人生への新しい見方が生まれる！」

スティーヴ・ペイトマン

27 キンキーブーツが変えた人生

このチャプターでは、BBC2のテレビ番組から映画そしてブロードウェイミュージカルまで、この物語に関わった多くの人々にキンキーブーツが与えた影響を、あなたと共有したい！

幸運にも僕は、物語の最初から最後まで、その過程において重要な役割を果たした人々に辿り着くことができた。この物語が彼らの考えや人生観にどのような変化をもたらしたのか尋ねてみると、素晴らしい反応が返ってきて驚いている。

ここからは彼らのコメントを紹介。まずは、最初の電話で僕の「人生観」を変えるきっかけをくれた、この人から。

レイシーズ＝ファンタジー・ガール（ケント州フォークストン）オーナー

スー・シェパード

男性と異性装者向けに婦人靴を作るというアイデアを、スティーヴに最初に持ちかけた人物は私でした。一九九五年に自分の店を始めたのは、実体験を通して（自分自身がトランスジェンダー）、当時は差別が蔓延しているとわかっていたからでした。

特に私がトランスジェンダーであると判明すると、正規採用や雇用の継続が難しかったので、長期失業手当でレイシーズを始めました。トランスジェンダーや異性装者のコミュニティが開かれはじめた頃で、店は急成長。でも当時は仕入れ先がとても少なく、需要に応えるのが大変難しかったのです。

インターネットで検索すると、英国靴協会を見つけて、そこがスティーヴ・ペイトマンの電話番号を教えてくれました。私は電話をかけて、彼の会社で魅惑的な婦人靴を……ただし男性サイズで製造できないか相談しました。彼は工場を、この新しい市場向けの靴製造に切り替えました。本当に素晴らしく、私の仕入れ問題を解決してくれました。

後はご存じのとおりで、キンキーブーツがハリウッド映画で成功し、大作ミュージカルになったことを見聞きすると、今でも興奮してゾクゾクします。

すべては何年も前の、思いがけない会話から始まったなんて！

愛を込めて

スー

ミッシェル・カーランド

BBC2シリーズ『トラブル・アット・ザ・トップ——キンキーブーツ工場』プロデューサー

この物語における私の役割は、BBCのビジネスドキュメンタリー部門で私が長寿番組『トラブル・アット・ザ・トップ』のプロデューサーを務めていた頃から始まります。このシリーズは、時代の変化やビジネスにおける新しい挑戦をとおして、経営者たちを追うものでした。

私たちは伝統的な製造業を扱ったエピソードの制作を熱望していて、靴業界は検討対象だった最終候補のひとつでした。何世代にもわたって家族が働く地域に根づいた製造業者を見つけることが重要でした。目的は、英国産業の変化を反映させ、そうした会社がどのように対応しているのかを提示することでした。

あなたを取り上げた『フィナンシャル・タイムズ』紙の記事が、我々をあなたのもとへ連れていきました。初めてお会いした時、あなたが受けているプレッシャーに気づいたことを覚えています。

製造業の衰退やポンド相場急変の中で家業を引き継いだということは、生き残るための自己改革を避けては通れないことを意味しました。しかし、あなたの周りのチームには非常に強い絆があって、成功させるため、あなたは全身全霊で取り組むだろうと、私たちに感じさせてくれました。

密着する人物には常に仕事への情熱を期待していましたが、あなたは間違いなくその条件を満たしていました。だから、男性向け婦人靴をデザインし製造するという決断が、我々の物語になったのです。それは本当に、窮地に立たされている非常に愛された英国産業と、それをなんとかして救おうとするあなたの奮闘に対する、まなざしでした。

あの時点での私の靴に関する知識は、買って履くことだけでした！　ですから、靴作りに注がれた細部へのこだわりに目を奪われました。とりわけ、あなたがただの男性用婦人靴を作るのではなく、最高のものでなければならないと決断した時。

それからは、私たちみんなにとっての旅でした。我々を信頼していただくまでに、時間がかかったことは承知しています。しかし、あなたを失望はさせなかったと思いたいです。

撮影隊はみなさんとの絆が深まり、数々のとても楽しい瞬間を共にしました。何年も後にロンドンで映画『キンキーブーツ』の、その後には大ヒットミュージカルの宣伝看板の前を、毎日通り過ぎることになるなんて、どちらも我々のドキュメンタリーに基づいていますが、誰が想像したでしょう？

オリンピアで開催されたエロティカ・フェア、あの素晴らしいドイツへの旅を覚えています。

あなたが脚の毛を剃っているところを撮影させてほしいと、説得を試みたことを覚えています!!　でも、聞き入れてはくれませんでしたね。

誰もモデルをしてくれなかった時、あなた自身が撮影でブーツと靴のモデルを務めた見事な瞬間も、覚えています。

それがすべてを物語っていました。成功させるために、あなたは一〇〇％の力を注ぎ込んでいました。

このドキュメンタリーは大成功を収め、五〇〇万人以上が視聴しました。これは、ＢＢＣ２の水曜夜九時五〇分の番組としては、前代未聞のことでした！ 我々は、同じ時間帯にチャンネル４で放送された『セックス・イン・ザ・シティ』初回を打ち負かしました。視聴者は私たちのドキュメンタリーを観て、あなたと、あなたが家業を救うため挑んだすべての行動に惚れ込みました。これぞ真の英国精神。

ご多幸をお祈りします。

ミッシェル

BBC2『トラブル・アット・ザ・トップ――キンキーブーツ工場』ナレーター／俳優

ロバート・リンゼイ

あぁ、なんという旅だ！ この番組を録音した時、プロデューサーに「これはすごい作品になるぞ」って言ったのを覚えている。それが映画、ミュージカルになり、今では本。

おめでとう、スティーヴ！

幸運を祈る。

ロバート

映画『キンキーブーツ』プロデューサー

ニック・バートン

ＢＢＣのドキュメンタリー『トラブル・アット・ザ・トップ』放送後、我々ハーバー・ピクチャーズの人間はみな、このアールズ・バートンのＷ・Ｊ・ブルックス社、あなたの靴工場に関する並外れた物語が、魅力的な映画になるだろうと思いました。

我々が『カレンダー・ガールズ』の制作に続き、英国ブエナ・ビスタ・インターナショナル（ウォルト・ディズニーグループ）と優先交渉権契約を締結できたことは、幸運でした。ブエナ・ビスタ・インターナショナルは私たちの映画を支援してくれることになり、企画と制作の長い過程を通して援助してくれました。

それは素晴らしい旅でした！　素晴らしいキャストとスタッフに恵まれ、舞台となった本来の工場所有者、ペイトマン一家に映画制作に深く関わっていただけたことも幸運でした。

個人的に最も印象に残っているのは、ロバート・レッドフォードが観客席にいたサンダンス映画祭での『キンキーブーツ』初公開特別試写。それから、ソーホーのナイトクラブでの撮影終了打ち上げで、キウェテル・イジョフォーと踊ったことです！

当時は、世界中のスクリーンや舞台で『キンキーブーツ』が大旋風を巻き起こすことになるなんて、知る由もありませんでした。

ハーバー・ピクチャーズ・プロダクションズ取締役社長　ニック・バートン

映画『キンキーブーツ』プロデューサー

ピーター・エテッドギー

『キンキーブーツ』の映画化は素晴らしい経験でした。スザンヌ・マッキー（同僚プロデューサーのひとり）と共に、三世代にわたってスティーヴ・ペイトマンの家族が営んだ紳士靴工場、W・J・ブルックスを初めて訪ねた旅を、私は決して忘れないでしょう。

スティーヴが案内をしてくれて、彼の家族ともいえるスタッフに私たちを紹介してくれました！　裁断室では、オーバーオールを着たベテラン職人が作業台に前屈みになって、鮮やかに輝く真っ赤なパテントレザーの端から、太もも丈ブーツの脚の内側の曲線を正確に切り取る様に、見とれてしまいました。

あのイメージ、あの瞬間――精巧な職人技と、このようなブーツがデザインされた「キンキー」な世界のほのめかしが横に並ぶ光景が、僕らの脳裏に焼き付きました。

ひとことで言えば、これが、映画の萌芽。

数年後、『キンキーブーツ』の地元特別上演をするため、ついにノーサンプトンに戻った時、自分たちが映画脚本の調査と創出に長い時間を費やした英国靴産業の誇り高き本拠地に、この映画を持ち帰ったような感覚でした。私たちが映画の大半を撮影した、ノーサンプトンの全盛期を彷彿させるトリッカーズの壮麗なヴィクトリア朝の工場がある場所。

それは同時に、悲しくもあり、感動する経験でもありました――悲しみは、産業が苦境に陥っていたため、多くの工場が閉鎖し、地域社会とかつて地域社会を支えていた共存共栄の仕組みが置き去りになっていたこと。感動は、スティーヴのように、この地域で靴作りの技術と伝統を保ち生かそうと情熱を傾ける人々がいて、革新で危機を乗り越え、象徴的なキンキーブーツのように、思いも寄らない新たな市場を見つけていたことでした。

私たちの映画はエンターテインメントでしたが、映画製作者としてスティーヴの情熱が注がれ、この地域と名高い産業の旗手になったような気持ちでした。おそらく、上映会の後に、別の工場を所有する方から、私が最高の賛辞を受け取ったからかもしれません。その方はノーサンプトンでの試写の後、目に涙を浮かべながら私に近づいてきて「あなたの映画が、この町に誇りを取り戻してくれた」とおっしゃいました。

この映画がノーサンプトンを越えて世界に広まり、まず各地の観客が心奪われる国際的なヒット作に、その後、ブロードウェイ（とウエスト・エンド）ミュージカルになった時、私は、スティーヴのもとを訪れた最初の頃のこと、このプロジェクトの最初のひらめき——独創的な「キンキーブーツ工場」のことを、何度も何度も思い出していました。彼がいなければ、『キンキーブーツ』は決して、誕生しなかったのです。

ピーター・エテッドギー

映画『キンキーブーツ』プロデューサー

スザンヌ・マッキー

私は鮮明に覚えています。ジュリアン・ジャロルド監督と、残念ながら最近亡くなられた私たちの才気溢れる制作デザイナー、アラン・マクドナルドが、イーリング・スタジオの割り当てられた撮影現場に靴工場を建設するべきか、または、ノーサンプトンの本物の靴工場を借り受けたほうがいいか、考えを出し合っていた時のことを。どちらの場合も、実用性、金銭面、そして独創性から、我々に大きな課題を突きつけていました。

この映画で靴工場は最も重要な撮影場所で、キンキーブーツの核になる予定でした。しかし工場の借り受けには、我々にとって難しい側面がありました——生産の停止、数週間にわたる従業員の帰休、その土地への引っ越しを余儀なくされるからです。

映画制作は巨大な作業で、サーカスが工場を占拠するようなものでした！

この映画にとって何が最善なのか、何週間も熟考を重ねました。靴工場はさまざまな点で、グリム兄弟のおとぎ話に出てくるような、摩訶不思議な場所です。

視覚、聴覚、嗅覚で感じる官能的な場所——謎めいた機械と自動化されたアームが、引いたり押したり、騒々しくも優雅に、バレエのような精密さでクルクル回る。複雑なベルトコンベアが視界を出たり入ったりしながら、謎で奇妙な物体を出し、裁断、印づけ、縫製、プレスの組み立てラインに乗りだすと、ついに一枚の革から、このうえなく見事に作られた靴が生み出される！

一体どうすれば、この空間を再現できるでしょう？

最終的に、私たちはノーサンプトンの実在する工場を借り受ける選択をして、工場の全従業員に映画に参加してもらうことにしました。これは我々に非常に良い結果をもたらしました。誰もがハッピーで、私たちは靴工場の正真正銘の世界を、美しい細部に至るまで描き出すことができたのです。後悔することは何もありませんでした。

俳優のキウェテル・イジョフォーが、異性装者ローラの完璧な扮装で、初めて私たちのキンキーブーツ工場に歩いて入ってきた日のことを覚えています。キウェテルは、ものすごいエネルギー、輝きと才能を炸裂させて、キンキーブーツ工場の経営者、チャーリー・プライス役の素敵なジョエル・エドガートンと並んで立ったのです。

全員が驚愕して顔を見合わせ、工場はシーンと静まり返り、この映画の成功を確信しました。

最上の敬意を込めて。

スザンヌ

映画『キンキーブーツ』チャーリー・プライス役
ジョエル・エドガートン

キラキラ光る赤い太もも丈ブーツと『キンキーブーツ』の文字が世界中の看板やバスに溢れていて、僕はものすごく感動しているけれど、驚いてはいません。スティーヴ・ペイトマンの物語は、人々の心の琴線に触れ、心を掴んではなさない、そういうもののひとつになっているからです。

たぶん、華やかで楽しいから！「事実は小説より奇なり」という話だけど……間違いなくこれは、受け入れること、困難を乗り越え立ち直る力の物語だから。僕はいつも『おかしな二人』[*1]の鮮やかバージョンみたい、と思っていました。ブルーカラーとスパンコール！

他にも、平凡な男たちと会社がうまく適応してゆく過程や、成功するためグループが団結するなかにも、何かがある。

『キンキーブーツ』という作品名がそこら中に貼られているのを目にするたび、僕はいつも、そのきっかけとなった映画でスティーヴを演じられたことを、ちょっと誇りに思っています。

スティーヴと会い、知り合って、腰をかけ、話を直接聞きました。彼は僕に、横に乗馬鞭が付いた真っ赤なパテントレザーの太もも丈ブーツをプレゼントしてくれました。映画とミュージカルで最も重要な、ローラの最高傑作になった、あのブーツと同じスタイルのブーツ。

撮影以来、僕はスティーヴのブーツを二回履きました。ブーツは今、僕が通っていた高校にあります。母が寄付して、ブーツは今でも、予想どおり、展示されています。

最後に、スティーヴの遺産が、いかに人々をさまざまな形で感動させているかを示す証として、逸話をひとつ。ある晩のパーティーで、スティーヴがくれたブーツを、僕の八〇歳の祖母が履きました。彼女は部屋中で助けてもらいながら、大爆笑していました。彼女は天に召されましたが（ブーツが原因ではないので、ご心配なく）、この出来事は、母がいつもする祖母の素敵な思い出話のひとつになっています。

保守的な人が、ただ自分を解放して、ちょっと馬鹿馬鹿しい、何か違うことを試してみる偉大な瞬間のひとつ。

スティーヴと、この映画に感謝しています。未だにミュージカルのオーディションの連絡を待っていますが……

友よ、ありがとう。

ジョエル

映画『キンキーブーツ』ローレン役

サラ＝ジェーン・ポッツ

私は生後六ヵ月の元気な男の子の母になったばかりで、数年間にわたるアメリカでの仕事から、ちょうど戻ってきたところでした。イギリスでは女優としてあまり目立つこともなく。事務所もなく、会議もない。完全に新しい目先のことに追われ、それ以外はほぼ何もない状態。私の携帯電話が鳴りました。

電話に出るどころか、いつも充電する時間もありませんでした！

『キンキーブーツ』のキャスティングディレクター、ゲイル・スティーヴンスからでした。

会話は、こんな感じだったと思います。

ゲイル「サラ＝ジェーンですか？」

私「はい、そうです」

ゲイル「ゲイル・スティーヴンスです、キャスティングディレクターの。まだ俳優は続けられていますか？」

私「う～ん、そう思いますけれど……」

これは、赤ん坊と電話と夕食作りの三つでジャグリングをしているような間のことで、私の興味は膨らんでいきました。

ゲイル「私がキャスティングを行なっている映画がありまして。ぜひ台本を読んで頂きたく。あなたは、ローレンかな、と」

こうして私はローレンとなり、気づけばノーサンプトンにある美しい実在する靴工場で、愛、家族、先入観、ユーモア、誠実さ、勇気、そして情熱溢れる型破りな物語を語っていました。楽しかった！

おかしなことに私は、何年も前にノーサンプトンでスティーヴと彼の素晴らしい家族と会うまで『キンキーブーツ』が実話に基づいているとは、知りませんでした。

あの頃も今も『キンキーブーツ』という存在の、過去、現在、未来に少しでも貢献できれば光栄です。心から人々を笑顔にし、良い気分にさせる、この作品に。

そして、ローレンがかつて言ったように、「人が何を成し得たかは――他の人の心に何を残したかで測るべきよ*2」

愛を込めて。

サラ＝ジェーン

映画『キンキーブーツ』ニコラ役

ジェミマ・ルーパー

うわぁ、すごい！　かなり前のことだから、私の弱いおつむではあまり思い出せないけれど！　覚えていることといえば、台本を読んだときにこの話が大好きになって、私の役が他の役と比べてあんまり共感してもらえなかったとしても、この映画に参加したい、って思ったこと。「床掃除でも何でもする！」って考えていたのを覚えている。ジョエルとキウェテルと一緒に仕事ができて嬉しかった。サラ＝ジェーンとケリー・ブライトとは、もう友だちだったので、ちょっと特別だった。でも本当はローラになりたかった。今でも撮影が終わった時にいただいた自分のキンキーブーツは持っていて、あれ以来、予想外に多くのドラァグの役をやっているわ……まるで家族みたいで、それはあなたの信じられないほど素晴らしい物語のおかげでした！

ますますのご活躍を願って。

ジェミマ

映画『キンキーブーツ』を大ヒットブロードウェイミュージカルに翻案／劇作家・俳優

ハーヴェイ・ファイアスタイン

日常生活においてさえ、私たちはみな、居心地のよい環境を出てリスクを負うよう求められる。私たちは、ほぼいつも、こうした挑戦をあっさりと退ける。けれども実は、その一つひとつが私たちの旅路の軌道を変えるチャンスなのだ。「ノー」と言うほうがはるかに容易いのだが、「イエス」と言えば人生は面白く冒険的で斬新なものになる。スティーヴの物語は、「イエス」と言うことが助長しうる、想像をはるかに超えた奇跡的な変化の証だ。スティーヴはブーツを作ることだけでなく、雇用を守ること、偏見をもたないことにも「イエス」と言った。そして、彼が「イエス」と言ったから、素晴らしい映画と心を動かす劇場ミュージカル作品が、この世に誕生した。そのことを我々は忘れてはならない。「**イエス**」のパワーに、この言葉を[*3]「オイ、オイ、オイ」！

敬具

ハーヴェイ・ファイアスタイン

ミュージカル『キンキーブーツ』プロデューサー

ジェリー・ミッチェル

クレイジーなアイデアが、時に、予想以上の大きなものになることがあります。スティーヴが自分の工場を救うアイデアを思いついた時、彼はそれが映画に、後に、世界中で大ヒットするミュージカルになるとは、思いもしなかったことでしょう。己のクレイジーなアイデアに、耳を傾けよう!!

幸運を祈って。

JM

オリジナルブロードウェイキャスト

エリック・〝レヴィ〟・レヴィントン

エリック・レヴィントンと申します、腎臓移植手術の一年後、二〇一二年一月のワークショップ以来、この作品に参加しています。当時四六歳で、これがブロードウェイデビューとなりました。私はとてもラッキーな男です。中学時代のガールフレンドが臓器提供してくれただけでなく、彼女が臓器提供者となり生きるためのさらなる命を与えてくれたおかげで、ブロードウェイのショーに出演するという夢まで叶えられたのですから。

『キンキーブーツ』の一員でいる時間は終始、スリル満点な旅でしたし、まだまだ楽しんでいます。この作品をどれほど愛しているか、初めて観たブロードウェイ作品としてはどうだったか、作品のメッセージにどれだけ鼓舞されているかといったことを、人々から聞くのが今でも大好きです。

ご連絡、ありがとう。本の成功を祈っています。

それではまた。

エリック・〝レヴィ〟・レヴィントン

オリジナルブロードウェイキャスト
ユージン・バリー＝ヒル

私は初代のサイモン・シニアです。二〇一二年の読み合わせ以来、今もブロードウェイ公演に出演しています。オーディションの電話をもらった時は、コネチカット州ニューヘイブンで『エイント・ミスビヘイヴィン』に出ていました。

オーディションを受けた唯一の理由は、ジェリー・ミッチェル、ハーヴェイ・ファイアスタイン、そしてもちろんシンディ・ローパーの名前があったからです。『キンキーブーツ』のことは聞いたことがなく、当時は「ミュージカルにしてはひどい名前」と思っていました。何も知らなくて！

シカゴの適性テストに参加して、その後すぐにブロードウェイ公演メンバーに加わるよう言われました。唯一ローラの代役が、ニューヨークシティ公演で俳優の決まっていない役でした。八年の付き合いになる私のパートナー、ティモシー・ウェアが『キンキーブーツ』を観にシカゴを訪れ、ローラの代役を勝ち取りたいと決意。私は「いいねぇー、ハニー！」みたいな感じでした。

彼はオーディションを受け、多大な努力と勤勉さで採用されました。こうして二人とも、オリジナルブロードウェイキャストの仲間入りを果たしました。その後の三年半で、彼は三〇〇回近くローラを演じました。『キンキーブーツ』のおかげで、二〇一四年には美しい水辺での挙式を計画し結婚する余裕が生まれました。彼は二〇一六年八月に『キンキーブーツ』を離れ、修士号を取るため大学に戻りました。**うまくいけば**、今夏に修了です！

数年経った今でも、ここには何名かのオリジナルメンバーがいます。離れても、もとの役に戻るチャンスを与えられた人もいます。『キンキーブーツ』は、終わることない喜びの贈り物で、今でも無類の楽しさを観客に与えています。私たちには、最高なファンがいます。ある晩、楽屋口である方と交流しました。その方は『キンキーブーツ』を六一回観ていて、来月六二回目の観劇を、彼女の六二回目のお誕生日にされるそうです。

この靴、つまり**ブーツ**で、まだまだ行きます！

ご盛運を願って。

ユージン・バリー＝ヒル

六年間にわたるオリジナルブロードウェイキャスト

エリン・マーシュ

何年も前、カンザス州の郊外で舞台に出演していた時、友人夫婦が夜二人で出かけられるように、友人の子どもたちのベビーシッターをしました。二人は帰宅すると『キンキーブーツ』という愛おしいインディーズ映画を観たと話してくれました。物語を聞いて、なんて素敵なアイデアなのだろう、と思ったことを鮮明に覚えています。続けて彼らは、それが実話におおよそ基づいていると言うので、なんて感動的でハッピーな気持ちにさせるのだと思いました。それから何年にもわたって、その映画の断片をさまざまな映画チャンネルで観ていました。

噂で、その映画がブロードウェイミュージカルになると聞いた時、ミュージカル化は素晴らしいだろうなと思ったことを覚えています。この物語が、こんなにも愛と受容の力強いメッセージをもち、そしてもちろん、私の人生において、これほど大きな役割を果たすことになろうとは、知る由もありませんでした。

ブロードウェイ作品を創り出すことは大変な名誉で、まさにブロードウェイの役者人生において死ぬまでに一度はやりたいことです。でももう『キンキーブーツ』ほど特別なミュージカルへの参加となれば、実にパフェの一番上に乗っている甘いクリームなのです。

ジェリー・ミッチェルが工場で働くすべての登場人物を紹介した時、何人かは架空で、何人かは彼がノーサンプトンの工場で会った人物に基づいていました。私の役、具体的に言うと私がジェンマ・ルイーズと名づけた人物は、タトゥーを入れ、マレットという左右が短く後ろだけが長いヘアスタイルをした、あるひとりのロックンロールレディーをモデルにしていました。ジェリーは即座に彼女の外見に好奇心をかきたてられ、この人物は絶対にミュージカルに登場するだろうと確信したのです。私は彼女を演じられて、本当に幸運です。彼女の写真を見ただけで、頭の回転が速く皮肉なユーモアを好み無意味なことを許さない女性の本質を推測しました。

ストーリーの一部ではない登場人物の創出は、作品に命を吹き込むために不可欠で、私たちは生い立ちや過去の出来事などをそれぞれ自分たちで考え出します。でも彼女の容姿は、たくさんのきっかけを与えてくれたので、難なく（そして陽気に楽しく）ジェンマ・ルイーズの世界を創り上げられました。

ミュージカルの中で私たちは、工場での暮らしを生み出しました。みんなが日々を生きるこの工場の世界を創るため、私たちは友情を築いていました。台詞は物語を紡ぎますが、誰もが行なっていることに宿る特殊性は、二時間半にわたって観客がその一部になる世界を生み出します。

スターク・サンズが最初のチャーリー・プライス役で、アンディ・ケルソーが彼の後を継ぎ、ブロードウェイで最も長くチャーリー・プライスを演じました。二人とも、繊細さと優しさをもち合わせていましたが、父親の工場を引き継ぐことに対する気が動転する恐怖心も感じさせました。どちらも私たちの物語の素晴らしいリーダーでした。

物語のどの部分が事実で、どの部分が演出で付け加えられたのか、私たちは決してわかりませんでしたが、あたかもすべて実際に起こったことのように、物語に対応していました。ミュージカルで演じている時、工場にいる私たちの多くはローラを、我々の給料、仕事、そして愛する工場を救ってくれる、救世主として尊敬していました。

実際に工場で働いていた人たちが、私たち同様に仕事を愛していたかどうかはわからないけれど、そうであってほしい。ブロードウェイで六年間、この物語を語ることに喜びを感じ、それは最も名誉なことのひとつです。『キンキーブーツ』のもとになったお話は、人間の精神を讃える物語です。既成概念にとらわれずに考えれば時には人生の方向を変えられる、常識の逆をいくのは問題なし、時にはそれが唯一の道、挑み失敗することで自分たちならではの成功を作り出せる。

こんなに長くブロードウェイで上演されているのも、不思議ではありません。物語とメッセージ、最も重要なことが気づかないうちに迫ってくる――あなたが考えを変えれば、世界が変わる。このシンプルなメッセージがこの物語に命を与えつづけています。そして私は、このメッセージが大好きです。

あなたの物語を共有してくれて、ありがとうスティーヴ。私たちが、あなたの誇りになれていたら幸いです！

エリン

オリジナルブロードウェイキャストメンバー

スティーヴ・バーガー

ブロードウェイで「ミスター・プライス」を演じています。この役の初代で、今でも出演しています。「ある程度の年齢」になった俳優のため、演じる役のファーストネームが「ミスター」であることがよくあります！　映画『キンキーブーツ』を観て、葬儀の場面で棺桶に記された名前を確認しようと一時停止したところ、ミスター・プライスのファーストネームは、なんと、**ハロルド**でした！　本の成功を祈っています。

私の父も、靴関係の仕事をしていました。最初は卸売り業者の営業担当で、後にミラノやアジアへの出張も多いバイヤーになりました。

私の場合はミュージカルの中の出来事でしたが、リハーサルの初日、部屋に入るとたくさんの新品の靴の匂いが、私に猛烈な衝撃を与えました。たちまち父のショールームへと引き戻されたのです。加えて私は、もっと革の匂いがする倉庫で、夏を二回、働きながら過ごしていました。

敬意を込めて。

スティーブン・バーガー

オリジナルブロードウェイキャストメンバー（「25　バートンからブロードウェイへ」を参照）

アディナ・アレクサンダー

『キンキーブーツ』は、私の人生にとって、とてつもない贈り物になっています!!

ありがとう、スティーヴ。

28 『キンキーブーツ』の事実と創作

事実

元々の靴工場は、W・J・ブルックス社。

創作

映画とミュージカルでは、プライス&サン社。

事実

W・J・ブルックスは男性用と男女兼用のファッション性の高い靴、伝統的なスタイル、最終的には男性用と女性用のキンキーブーツを製造。

創作

プライス&サンは伝統的な靴のみ手がけ、後にキンキーブーツを製造。

事実
スティーヴ・ペイトマンがW・J・ブルックスを経営。父親のリチャードから引き継いだが、父親はこれを書いている時点で、まだ健在！

創作
チャーリー・プライスがプライス&サンを経営。引き継いだのは、父ハロルドの急逝後。

事実
三〇代半ばで、ちょっと自己顕示欲の強いスティーヴ・ペイトマンは、仮装パーティーがあると聞けば「行こうぜ、みんなを驚かせるために何ができるかな」と言うようなタイプ。

創作
二〇代後半のチャーリー・プライスは、ちょっと困惑していて、保守的で、古風でナイーブ。

事実
スティーヴ・ペイトマンは、妻サラ、息子ダンがいる既婚者。

創作
チャーリー・プライスは、婚約者のニコラはいるが未婚者。

事実

W・J・ブルックスは、英国ポンド高のため売り上げが減少し、会社の輸出取引が下降傾向になり、安価な輸入品と闘わなければならず注文が減った。

創作

プライス&サンは、最大の顧客との契約を失い、最終顧客がいない状態で生産中の注文を完成させなければならず、損失を被った。

事実

スティーヴ・ペイトマンはキンキーブーツと靴のアイデアを、新しい見込み客との電話での会話で思いついた。

創作

チャーリー・プライスはそのアイデアを、ロンドン出身のドラァグ・クイーン、ローラと遭遇した後に思いついた。

事実

スティーヴ・ペイトマンは、社内デザイナーやスタッフの助けを得て、キンキーブーツと靴をデザインし製造する推進役だった。

創作

ローラがすべての社内デザインを行ないキンキーブーツと靴製品の推進役を担い、チャーリーは、むしろ出しゃばらないようにしていた。

事実

W・J・ブルックスとスティーヴ・ペイトマンは、キンキーブーツと靴の「ディヴァイン」製品を、ヨーロッパで最も大規模なデュッセルドルフの靴見本市で宣伝した。

創作

プライス&サンとチャーリーは、キンキーブーツと靴製品をミラノで宣伝した。

事実

スティーヴ・ペイトマンは、脚の毛を剃り、ハイヒールのキンキーブーツや靴を履いて歩くことを習得し、「ディヴァイン」カタログの写真撮影でモデルを務めた。

創作

チャーリー・プライスは、ミラノのランウェイでキンキーブーツのモデルを務めた。

事実

W・J・ブルックスは、最終的に製造を終了するまでの数年間をキンキーブーツに救われた。その後、スティーヴ・ペイトマンは常勤の消防士になった。

創作

プライス&サンは、ミラノの靴見本市で成功を収めた後、キンキーブーツに救われ、キンキーブーツを作りつづけた。チャーリーはニコラとの婚約を解消し、ローレンへのロマンティックな感情は、ますます深まったと思われる。

訳者あとがき

本書は、二〇一八年に英国で出版された*Boss in Boots: From Barton to Broadway*の完訳です。著者であるスティーヴ・ペイトマンは、映画およびミュージカル『キンキーブーツ』の主人公チャーリー・プライスのモデルになった人物です。訳者はミュージカル『キンキーブーツ』観劇後に原書を読んでいますが、翻訳を前提に目を通していたわけではありません。興味関心から読みはじめると、ペイトマンの言葉一つひとつが自然と頭の中で生き生きとした日本語に変換され、まるで一人芝居の台本を読んでいるかのような気分になりました。翻訳本の出版は、書下ろし著作本出版とは異なる手続きを要しますが、それでもなお、この原書を日本語に訳し刊行したいと決意した背景には、いくつかの理由がありました。

まず日本におけるミュージカル『キンキーブーツ』上演との関連から述べれば、当然のことですが、ペイトマンの挑戦なしに、このミュージカルは存在していません。原書に記された「その出所と、その物語を実現させた実在する人々を、決して忘れてはならない（I feel we must never forget where it came from and the real people who made it happen.）」という言葉に強く胸を打たれました。ミュージカルファンを魅了する「寛容さと受容」というメッセージ、観劇後に満たされる前向きでパワフルなエネルギーの根源には、体現者ペイトマンの懐の深さと情熱があります。本書の刊行がその全貌、キンキーブーツ誕生からブロードウェイミュージカルに至るまでの物語を、彼自身の言葉で辿る機会の創出となれば、と思った次第です。

次にタイミングです。なぜ本書の刊行が二〇二五年なのか。日本におけるミュージカル『キンキーブーツ』の初演は、二〇一六年七月二一日、東京・新国立劇場中劇場です。その後、オリックス劇場での大阪公演を経て、東京凱旋公演が東急シアターオーブで行なわれました。二〇一九年の再演は、四月一六日東京・東急シアターオーブで開幕、五月二八日に大阪・オリックス劇場で大千穐楽を迎えています。三度目の上演は、二〇二二年、一〇月一日東急シアターオーブで始まりました。この再演に関してチャーリー・プライス役の小池徹平は次のように述べています。

正直僕は、最初は前向きになれずにいました。でもそのうち「この作品がこのまま終わっていいのか?」と思うようになったんです。何より一緒にやってきて、『キンキーブーツ』を愛していた春馬の思いも引き継げるのなら、やはりこのまま終わらせるわけにはいかないと。そして「やるんだったらとことん楽しんでやるのが自分の役目だ」と考え、大きな覚悟を決めることができました。(公演パンフレット 二〇二二)

二〇二〇年七月一八日、ローラ役を務めていた三浦春馬さんが他界。

再演出演にあたり、チャーリーに思いを寄せる工場従業員ローレン役のソニンは「多分みんなそうだと思いますが、私もすごく悩みました」と述べたうえで、「でも今回は、特別な回だから。この作品の今後のために何が一番いいかを考えた時、今は私が、作り上げてきた私のローレンを残すことだと思って心を決めました」と公演パンフレット(二〇二二)で語っています。二代目ローラを城田優が引き継ぎ、一一月二〇日オリックス劇場で「特別な」再演の幕は無事に下りました。公演中、客席には、涙を流しながらラストナンバー「Raise You Up/Just Be」を踊るファンが大勢いました。間違いなく観客にとっても、「特別な」再演だったのです。

二〇二二年の時点で、パンフレットに掲載された出演者のコメントなどから、次の再演がミュージカル『キンキーブーツ』新章の幕開け、そう予感していた人は多かったはずで、私も、そのひとりでした。話を戻せば、だから本書の刊行は二〇二五年なのです。ミュージカル『キンキーブーツ』が新たなメインキャストと共に、新たなチャプターの幕を開ける再演のタイミングで、ペイトマンが生み出したキンキーブーツが現実の世界で歩んできた道のりを、私たちの言語、日本語で、読みやすくわかりやすく提示したかった。末永く上演される可能性を秘めたミュージカル『キンキーブーツ』に、新たな角度から、新たな光をあてることに、意義を見出しました。

詳細は本文にありますが、ペイトマンはミュージカル『キンキーブーツ』の制作には関わっていません。理由は、このミュージカルが、映画『キンキーブーツ』をもとに創作されているためです。自らのキンキーブーツブランドを「ベイビー」と表現する彼にとって、キンキーブーツが単なる商材以上の存在であったことは明らかで、実際、キンキーブーツ製品のブランド「ディヴァイン」の売却を拒み、自らの手で終焉させています。自分の子ども同然のキンキーブーツの物語がエンターテインメントの世界で映像作品となり、やがて己の手の届かない遠いところに行ってしまう不安や寂しさは、想像に難くありません。ミュージカル『キンキーブーツ』初演に関して赤裸々に語られる当時の様子、吐露される複雑な心境は衝撃でした。そうした現実を目の当たりにしながらも、ミュージカル『キンキーブーツ』を愛してやまないペイトマンの寛容さも、本書で感じていただければ幸いです。

英国では二〇二三年四月、ペイトマンに最初にキンキーブーツ作りを持ちかけたスー・シェパードが営むケント州フォークストンにあるショップ「レイシーズ＝ファンタジー・ガール」に、英国史跡案内の一環で建物の歴史的な繋がりを表すブルー・プラークと呼ばれる青い印が設置されました。そこには「一九九九年　映画およびミュージカル『キンキーブーツ』のもとになる会話がなされた場所」と記されています。セレモニーでは、スーとペイトマンのあいさつに続き、町長が除幕式を行ないました。*1

ミュージカル『キンキーブーツ』のブロードウェイ公演は、原書が出版された翌年二〇一九年四月に六年間のロングランを経て大千穐楽を迎えました。しかし二〇二二年にはオフブロードウェイで、演出に若干の変更がなされた新バージョンが上演されています。そして日本を含む世界各地では、今日に至るまで再演が続き、真っ赤な太もも丈のキンキーブーツは依然として、世界中を元気に歩き回っているようです。

本書の刊行にあたり、装丁ではミヤハラデザインの宮原雄太氏、編集では小鳥遊書房のミュージカル愛溢れる林田こずえ氏に大変お世話になりました。記して深謝いたします。本書を手にしてくださった貴方にも、感謝申し上げます。そして、この素晴らしい功績に敬意を表し、この物語を生きたキンキーブーツマンことスティーヴ・ペイトマン氏に、感謝を捧げます。

「恋に落ちる」とは、このことか⁉と、私自身ミュージカル『キンキーブーツ』を劇場で初めて観た時に思いました。幕間で早くも「大好き、最高！」、そして二幕が終わり「感無量、もうまた観たい」。ステージに掛かった真っ赤なカーテンを眺めながら終演後に口をついた言葉は、「良い作品でしたね」といった冷静なものではなく、「ヤバい、すごい！どうしよう？（ずっとここにいたい）」といった感嘆。もちろん『キンキーブーツ』観劇前後にも、さまざまなミュージカルとの素敵な出会いはありました。あったけれど、あの胸がきゅんとなってドキドキする感じは、『キンキーブーツ』ならでは。ポップでエキサイティングなナンバー、キュートでクールでセクシーな衣装、せつなさと歓喜が交差するストーリー。あのハッピーな世界が、恋しくてたまりません。

ファンのひとりとして、ミュージカル『キンキーブーツ』再演の成功と、末永く日本で上演されつづけることを、心から祈っています。

二〇二五年　四月

田嶋リサ

訳註

はしがき

＊1ドラァグ・アーティスト　派手な衣装や化粧でショー的要素を含む扮装をする人々。ゲイカルチャーから生まれた異性装だが、性的志向は多様。「ドラッグ」がdrug（薬、麻薬）を連想させるため「ドラァグ」と表記される。

1　青天の霹靂

＊1ボールガウン　舞踏会や晩餐会などで着用される女性の礼服。

＊2フェティッシュ　特定の物や状況に対して過度な興奮や執着をすること、人。

2　一歩踏み出すために振り返る！

＊1オリバー・クロムウェル　一五九九―一六五八年。英国の軍人・政治家。

＊2ウェーダー　靴と繋がった漁師用防水ズボン。

＊3テディ・ボーイズ　エドワード七世時代（一九〇一―一〇）の服装を好んで着用したロンドンの不良少年。エドワードの愛称、テディに由来する。

＊4スウィンガー　性的に自由奔放な人、フリーセックスをする人。

3　すべては脚に！

＊1リリー・サベージ　英国のコメディアン、ポール・ジェイムズ・オグラディ（一九五五―二〇二三）が一九八〇年代に生み出した有名なドラァグ・キャラクター。

＊2ダニー・ラ・ルー　一九二七―二〇〇九年。女装して行なう有名女優の物まねで著名な英国のエンターテイナー。

4　父の同意

＊1レス・ドーソン　一九三一―九三年。女装する英国のコメディアン、俳優。

6　ライト、カメラ、アクション！

＊1シットコム　situational comedyの略語、職場や家庭など特定の設定で展開するコメディドラマの一種。

＊2ブームマイク　長い竿のようなものの先にマイクをつけ、カメラに映らないように高く掲げて音声を録音する方法。

＊3原文：Kinky Boots were up and running, excuse the pun! up and runningは、直訳すると「立ち上がり走っている」だが、このフレーズには「(人が) 元気に動き回って、活発に動いて」という意味もあるため、キンキーブーツの様子をダブルミーニングで表現し「ダジャレ（pun）」としている。

7 **ブーツを履いたボス！**

＊1『キャリー・オン』　一九五八年から九二年まで制作されたイギリスのコメディ映画シリーズ。

9 **デュッセルドルフに舞い戻る：再始動テイク2！**

＊1モンティ・パイソン　主に一九六九年から八三年にかけて活動したイギリスを代表するコメディーグループ。

＊2ディヴァイン　一九四五―八八年。アメリカの俳優、歌手、本名ハリス・グレン・ミルステッドが扮する巨漢ドラァグ・クイーン。

12 **他よりワンランク上！**

＊1「からのはずだった」とあるが、一九九九年二月二四日水曜日、午後九時五〇分は、実際に番組がシリーズのトップバッターとして放送された日時である。当初シリーズ三番目に流れる予定だったと書かれているため、この時点での放送予定日は、この日ではなく、もっと後であったと思われる。

13 **キンキーブーツマン誕生**

＊1サイモン・ビアジ　英国のテレビ番組司会者。

14 **キンキーブーツで一歩踏み出す！**

＊1アフターディナー・スピーチ　会の食後に行なわれるテーブルスピーチ。

＊2ラウンド・テーブル　ラウンド・テーブル・クラブとも呼ばれる一九二七年に英国で発足した若い男性のための非政治的かつ非宗教的な組織。

＊3ページ3ガール　英国のタブロイド新聞『ザ・サン』の三面を飾るトップレスの女性モデル。

＊4バレエシューズとブーツ　トウ・シューズのように、つま先が垂直になった形でヒールのある靴。（「13　キンキーブーツマン誕生」のシルエット参照）

15 **テレビの影響！**

＊1「名前の中には何がある?」ウィリアム・シェイクスピアの戯曲『ロミオとジュリエット』に出てくるジュリエットの台詞。

16 **オランダへ！**

＊1飾り窓地区　風俗街でストリップクラブや売春宿が集中している地区。

＊2フォリー・ベルジェール　フランス・パリの伝説的なミュージックホール。

＊3ベニー・ヒル　一九二四―九二年。イギリスのコメディアン、俳優。美女が出てくる下ネタで有名。

＊4ヴァン・ダイク・スタイル　一七世紀の画家、アンソニー・ヴァン・ダイク（一五九九―一六四一）にちなんだ髭のスタイル。

＊5三銃士　一八四四年に出版されたアレクサンドル・デュマ・ペールによる冒険活劇小説。この小説に登場するダルタニャンは実在する一七世紀のフランス軍人。

17

太陽と海とセクシーなスカボロー！

＊1ツインセット&パールズ　セーターとカーディガンのアンサンブルに真珠の首飾りを合わせた着こなし。

＊2BOOTS　イギリスのドラッグストアチェーン。

＊3ニューキャッスル・ブラウンエール　イギリスの有名なビール。

18

映画館のスクリーン

＊1イー・バー・ガム／イッキー・サンプ　共にイングランド北部のスラング、前者はoh my god後者はWowやOhなど驚きを表す。

＊2ブレイク　ウィリアム・ブレイク一七五七―一八二七年。イギリスの著名な詩人、画家。

19

ローラとチャーリーの誕生

＊1『ウォーリアー』（二〇一一）と『華麗なるギャツビー』（二〇一三）の公開は、『キンキーブーツ』（二〇〇五）より後。

＊2つり込み部屋　甲部を引き伸ばして靴型に合わせる作業をする部屋。

＊3バーガンディー色　ワインレッドの一種、日本語版ミュージカルでは「あずき色」と表現。

22

ライト、カメラ、アクション！

＊1原書が書かれた二〇一八年時点での数字。

＊2原書が書かれた二〇一八年時点。

＊3テレンス・ヒギンズ・トラスト　一九八二年に設立されたHIVおよびAIDSに対する英国慈善活動団体。

25

バートンからブロードウェイへ

＊1厳密には一年後ではない。シカゴでのプレビュー公演は二〇一二年一〇月、ブロードウェイでのプレビュー公演は二〇一三年三月から、正式上演は四月四日からである。

＊2ドレス・サークル席　通常劇場二階正面のランクの高い席。

26

ローラは言う「偏見を捨てよう」

＊1本文にある三作品のミュージカル映画化の経緯は、それぞれ異なる。『ショウ・ボート』は一九二七年ミュージカル初演、一九二九年映画化、一九三六年ミュージカル映画化、『サウンド・オブ・ミュージック』は一九五九年ミュージカル初演、一九六五年ミュージカル映画化、『キューティ・ブロンド』は二〇〇一年映画制作、二〇〇七年ミュージカル化。

27

キンキーブーツが変えた人生

＊1『おかしな二人』　原題*The Odd Couple*、ニール・サイモンの戯曲。一九六五年ブロードウェイで初演。性格が正反対のスポーツ記者と報道記者、二人の男性の同居生活を描いた喜劇。一九六八年に映画化。

＊2引用：『キンキーブーツ』ブエナビスタホームエンターテイメント、二〇〇五年。

＊3オイ　Oi。イギリス英語特有の表現。アメリカ英語でのheyと同様に、注意を引く呼びかけなどに使われる。

訳者あとがき

＊１出典元　〈https://localrags.co.uk/2023/04/23/kinky-boots-blue-plaque-for-lacies-fantasy-girl-shop-in-folkestone/#google_vignette〉

ブルー・プラークには「1999」とあるが、原書の流れを辿ると、二人が最初に会話を交わしたのは一九九八年三月よりも前であることがわかる。一九九九年は映画とミュージカルのもととなったＢＢＣ２のドキュメンタリー『トラブル・アット・ザ・トップ――キンキーブーツ工場』が放送された年。

【著者】

スティーヴ・ペイトマン

(Steve Pateman)

英国アールズ・バートンの老舗紳士靴メーカー W・J・ブルックス社 4 代目社長。
1990 年代、家業が窮地に追い込まれる中、
起死回生の一手としてセクシーでグラマラスな靴やブーツを男性用サイズで製造開始。
その過程を追ったドキュメンタリー番組が
1999 年英国公共放送局 BBC2 で放映されると注目を集め、
『キンキーブーツ』として 2005 年に映画化、
2012 年にミュージカル化された。
主人公チャーリー・プライスのモデル。工場閉鎖、廃業後は、消防士に転職。
Website: www.bossinboots.co.uk

【訳者】

田嶋 リサ

(たじま・りさ)


法政大学ほか兼任講師。ポピュラーカルチャーに新たな光をあてることに興味関心をもつ。

専門は比較文化、英語教育。高校卒業後、単身渡英、渡米。

ニューヨーク州立大学ロックランドコミュニティカレッジ人文学舞台芸術専攻卒業、
立教大学大学院異文化コミュニケーション研究科博士前期課程、
法政大学大学院人文科学研究科英文学専攻国際日本学インスティテュート博士後期課程修了。博士(学術)。

著書に『鉢植えと人間』(2018 年、法政大学出版局)、

『スノーボードの誕生　なぜひとは横向きに滑るのか』(2021 年、春陽堂書店)、

『ミュージカル『モーツァルト！』の世界』(2024 年、小鳥遊書房) ほか。

キンキーブーツの真実(しんじつ)

2025年4月25日　第1刷発行

【著者】
スティーヴ・ペイトマン
【訳者】
田嶋 リサ

発行者：高梨 治
発行所：株式会社**小鳥遊書房**(たかなし)
〒102-0071　東京都千代田区富士見1-7-6-5F
電話03（6265）4910（代表）／FAX 03（6265）4902
https://www.tkns-shobou.co.jp
info@tkns-shobou.co.jp

装幀　宮原雄太（ミヤハラデザイン）
印刷　モリモト印刷(株)
製本　株式会社村上製本所

ISBN978-4-86780-072-0　C0020